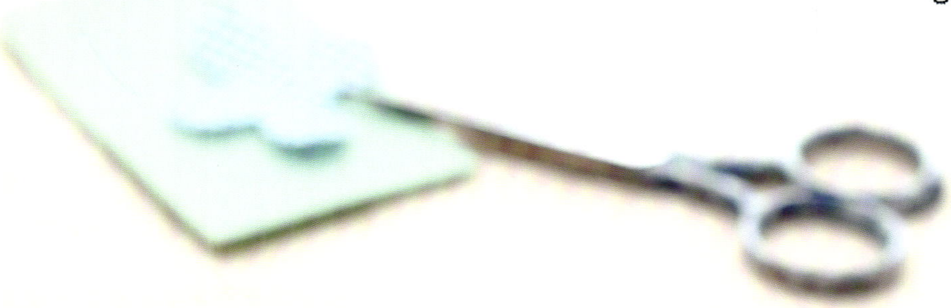

布，你要这样玩

超乎想象的可爱布艺小花边100款

（日）美创出版 著
何凝一 译

河南科学技术出版社
·郑州·

目录
Contents

PART I

风靡全世界的超可爱创意布杂货

Croth Work Example

创意无限的布艺小物与贴身物品随意组合，编织出一片幸福的手作空间……

64　用彩色小花布装点盆栽植物。作品详见P44

60　在篮子四周添加休闲饰物增添雅趣元素。作品详见P41

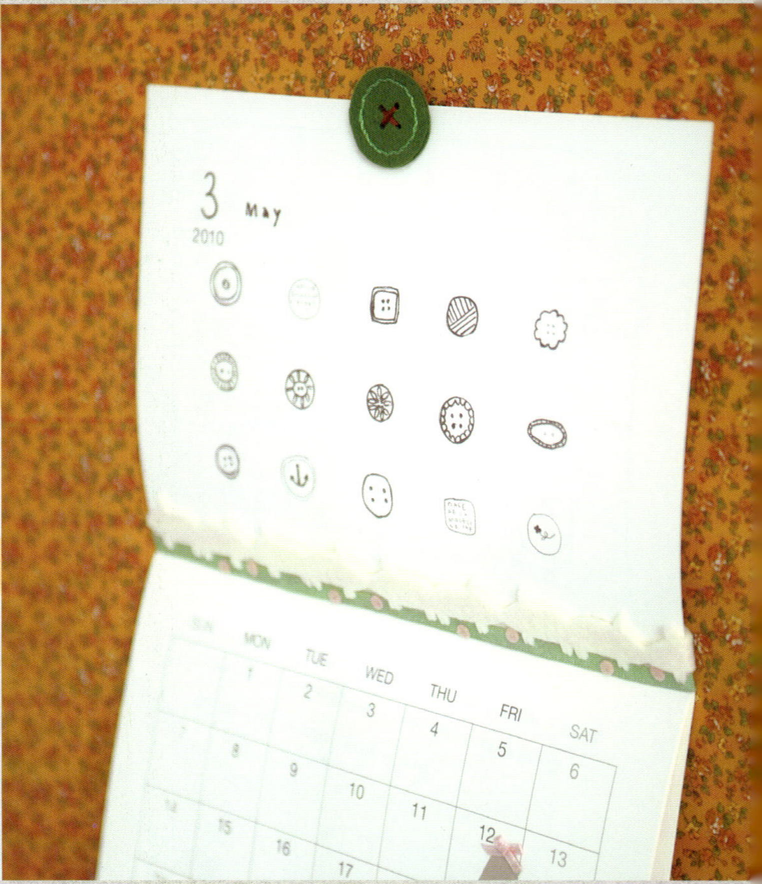

94（上）、51（下）　把行程安排画到添加了不织布小饰物的日历上，是不是很有乐趣？作品详见P68（94）、P37（51）

12（帽子边）、32（饰物） 在简单朴素的帽子上点缀花边。作品详见P16（12）、P25（32）

53（左）、54（右） 只需缝上皮筋就可以做成漂亮的头饰啦。作品详见P40

8（左）、13（右） 缠绕在蜡烛周围做装饰，更加温馨浪漫。作品详见P13（8）、P16（13）

9 随意取一段布料，将两端撕开，缝成随性随形的腰带。作品详见P13

87a 在披肩底端缝上时尚饰物做点缀，大大提升整体品位。作品详见P60

85a（左）、85b（右） 让心爱的玩偶也变身时尚达人吧！ 作品详见P60（85a）、P61（85b）

28(中)、30(上、下) 简简单单就能让相册可爱漂亮。作品详见P24（28）、P25（30）

47 可以缝到纸巾盒四周，让日常小物也成为装饰精品。 作品详见P36

20（领口）、29（饰物） 衬衫领口缝上花边，更增几分情趣。作品详见P20（20）、P24（29）

19 笔袋上的可爱小吊饰。作品详见P20

14 让心爱的鞋子上再多一个迷人的亮点吧！作品详见P17

37 缠在灯罩上做装饰，随心情更换不同的感觉。作品详见P28

下面介绍的作品主要以淡雅的配色为主，给人带来无限温暖和惬意的感觉。1是钥匙扣，2是挂在包包提手上的饰物，3是在包包边缘的装饰花边。

PART Ⅱ

超自然的恬静唯美享受

——自然色布艺小物

制作方法：详见P10
设计制作：川名晶子

重点提示 3 作品详见P8

裁剪方法

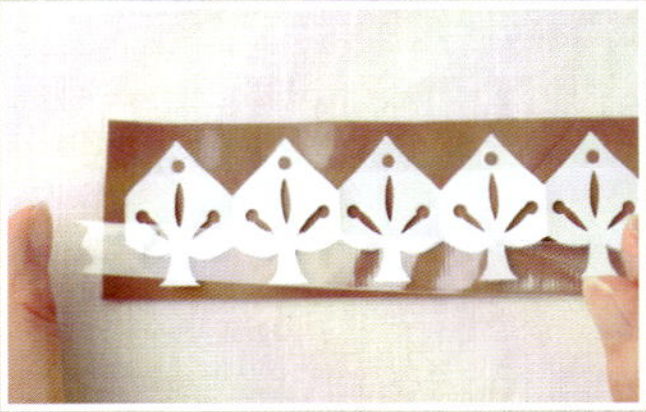

1 复制图纸，按照自己想要的长度，将图纸的两端折好，完成后剪刻（上）。展开后的样子（下）。

2 将图纸放到皮革上，用透明胶条固定。

3 用打孔器打眼。

4 用裁纸刀将花样镂空。

重点提示 8 作品详见P13

旋转固定法

1 在底布的上端将宽1cm撕开的装饰布条边旋转边用珠针固定。

2 固定好的布条用透明的线缝好。

重点提示 23 作品详见P21

多层的卷法

1 在没有切口的一侧涂上黏合剂，将顶端斜着错开一点，慢慢卷到一起。

2 卷好后如图。卷的力度不同，尺寸也会有差异。

重点提示 40 作品详见P29

缝份的倒法

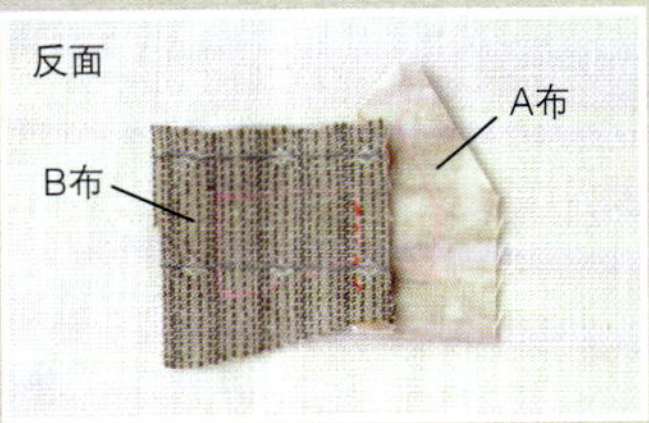

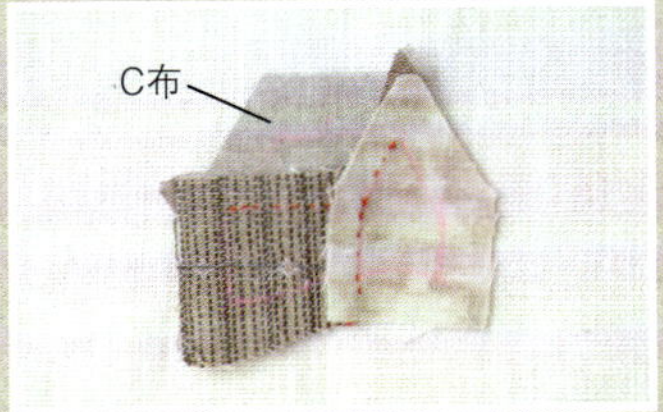

1 将A布和B布缝好，缝份倒向A布一侧。

2 将A布与C布、B布与C布缝好，缝份倒向C布一侧。

重点提示 39 作品详见P29

布条的编织方法

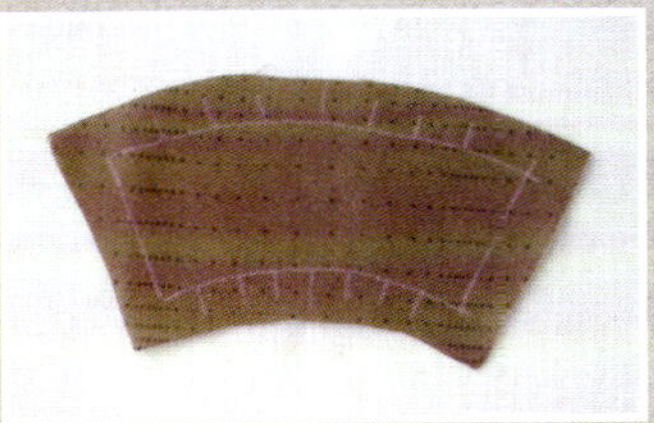

1 在底布（A布）上画出印记。

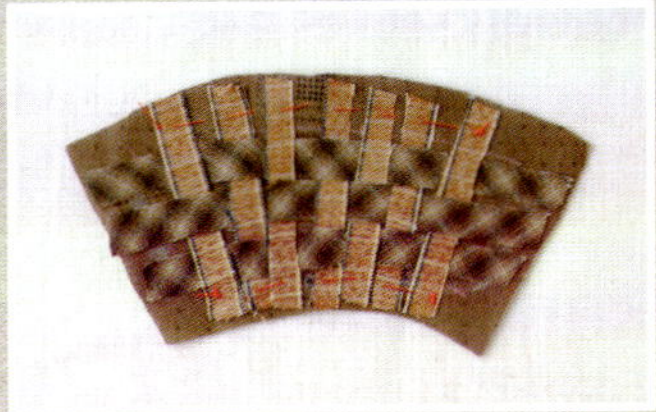

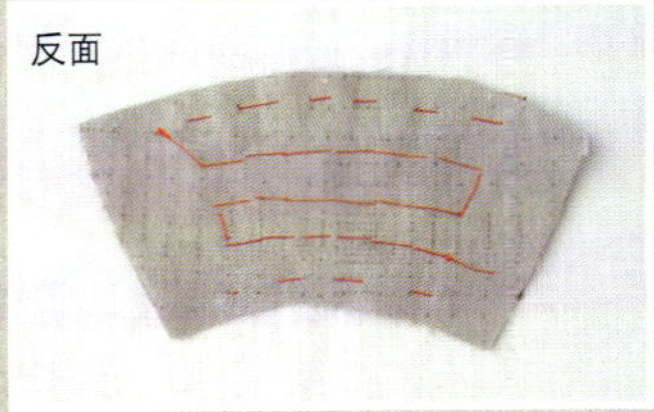

2 裁剪出7条宽0.5cm、长4cm的纵向布条（B布），与底布上的印记对齐，假缝固定。

3 裁剪出3条宽0.5cm、长10cm的横向布条（C布），按照图示与纵向布条穿插。

4 将纵向布条与横向布条缝到底布上。

1

尺寸：参照成品图

作品详见P8

A布：厚棉布（原色）15cm×5cm
B布：厚棉布（黄绿色）10cm×5cm
C革：表层革2cm×1cm
25号刺绣线（黑色）

制作方法

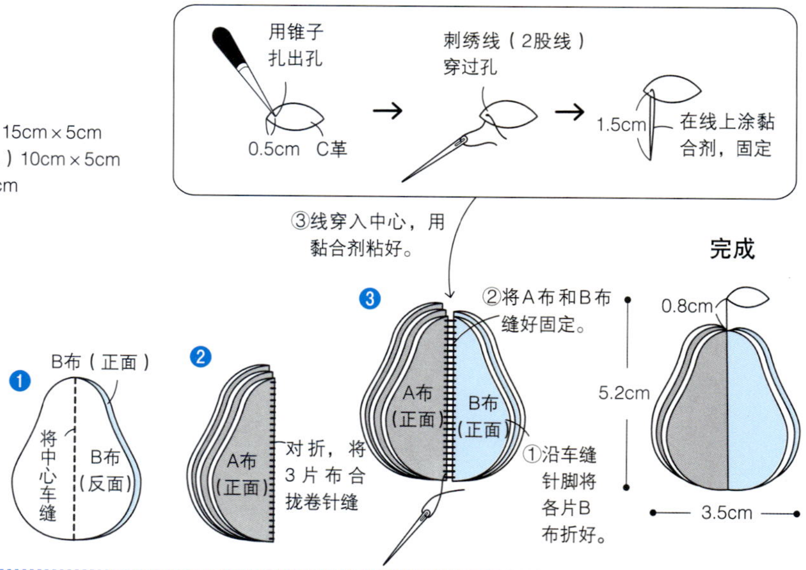

〈实物大纸样〉

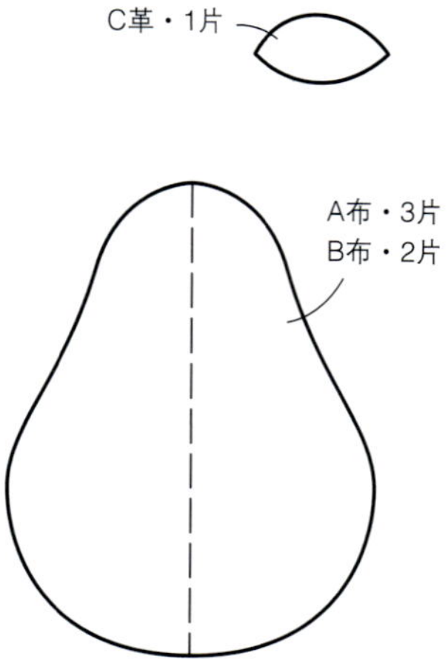

2

尺寸：参照成品图

作品详见P8

A布：不织布（白色）10cm×3cm
B布：不织布（黄色）5cm×3cm
C布：麻布（米褐色）5cm×3cm

制作方法

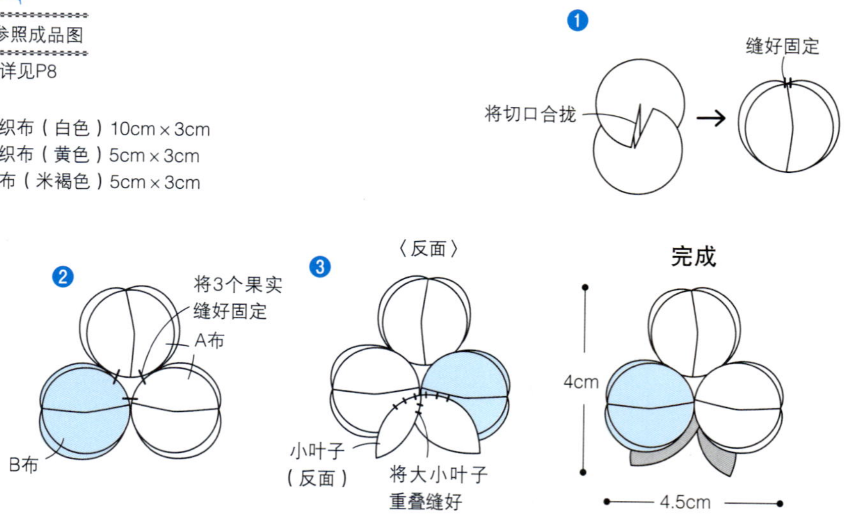

〈实物大纸样〉

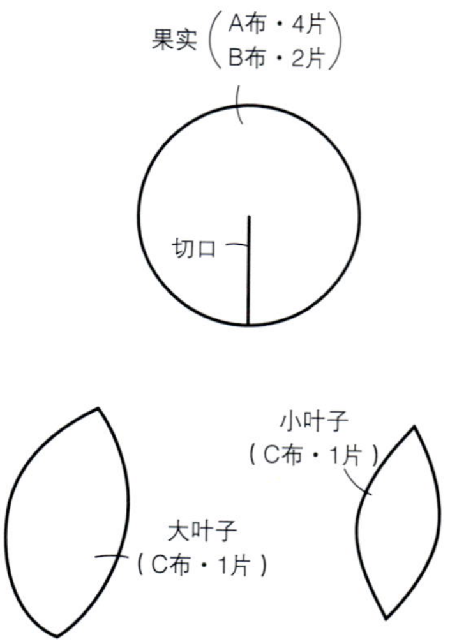

3

约33cm（13个花样）

作品详见P8

重点提示见P9

革：表层革35cm×5cm

〈实物大纸样〉

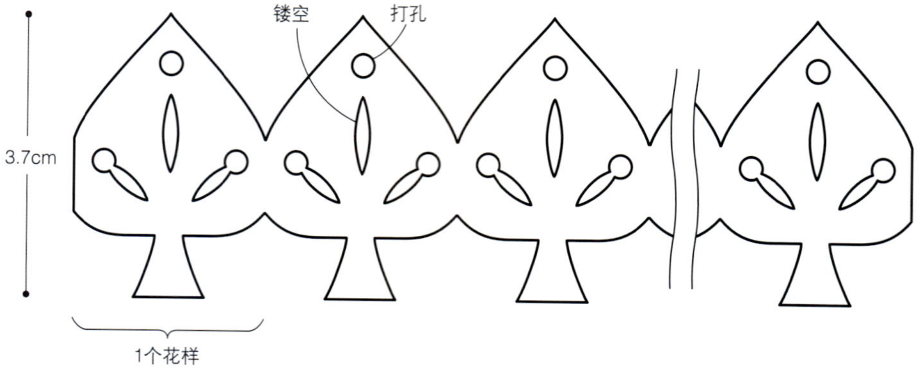

21

约27.5cm（3个花样）

作品详见P20

A革：表层革（灰绿色）15cm×5cm
B革：里层革（茶色）15cm×5cm
C革：表层革（灰色）15cm×5cm
25号刺绣线（茶色）

〈实物大纸样〉

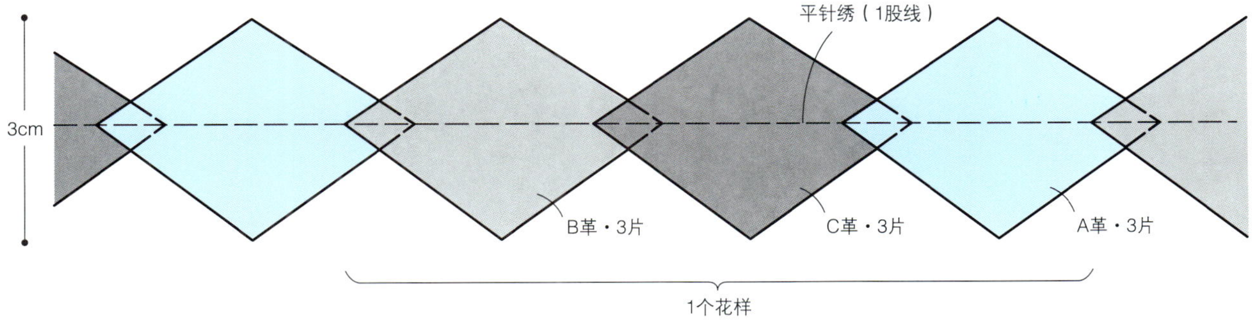

23

尺寸：参照成品图

作品详见P21

重点提示见P9

A革：起毛皮革（米褐色）20cm×7cm
B布：棉布（原色）5cm×3cm
C布：不织布（米褐色）3cm×2cm
填充棉少许
25号刺绣线（黑色）

〈实物大纸样〉

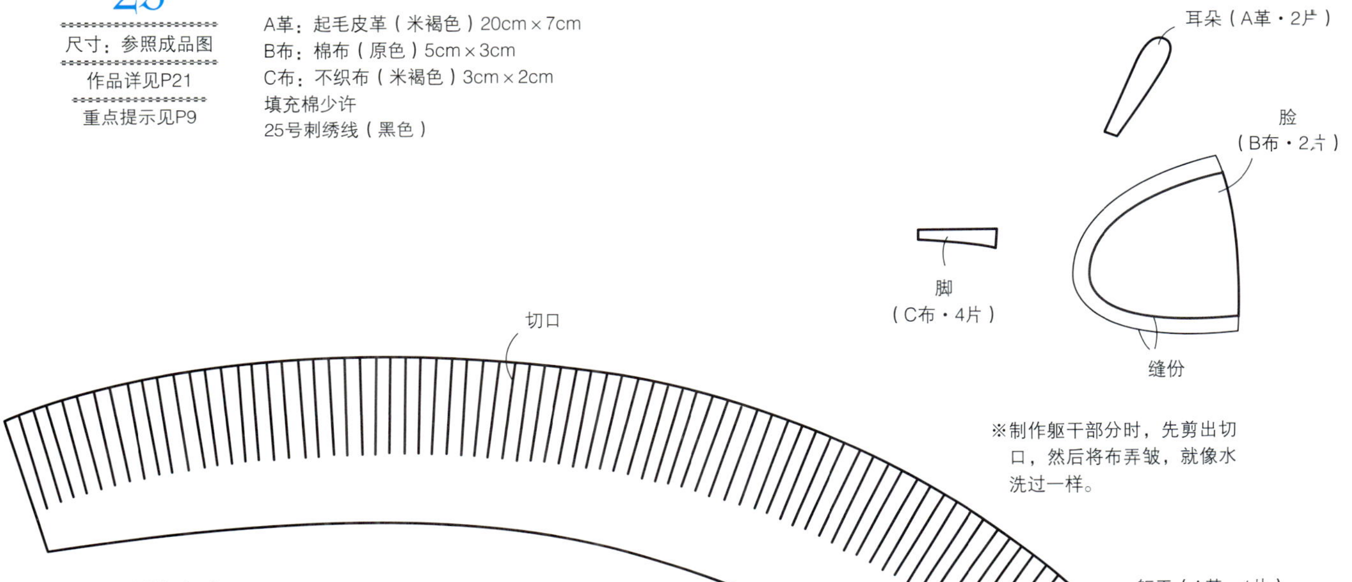

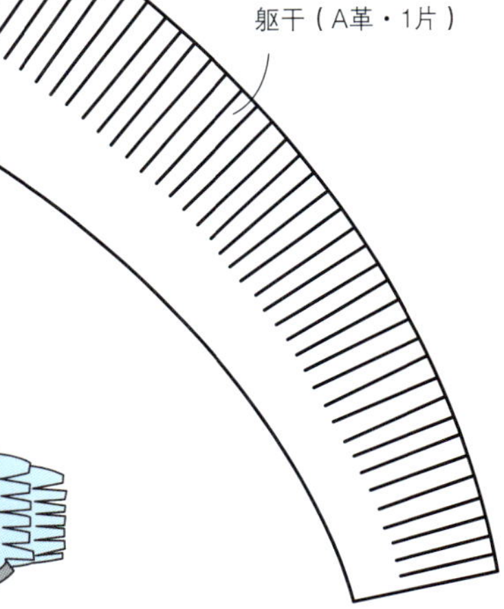

※制作躯干部分时，先剪出切口，然后将布弄皱，就像水洗过一样。

制作方法

❶

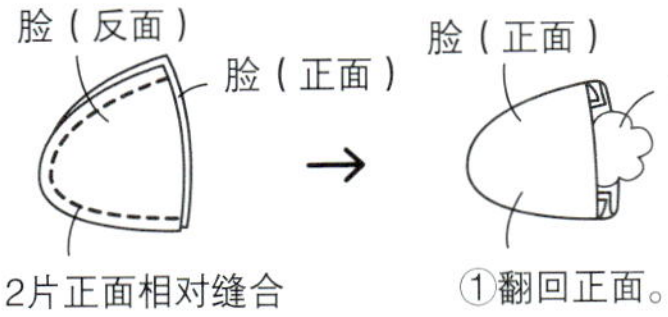

❷ 制作躯干（参照P9）

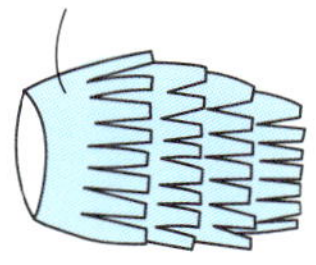

❸

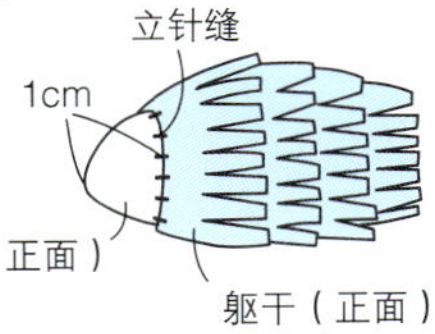

❹

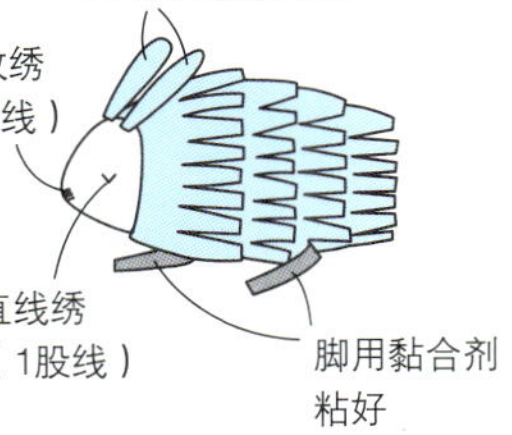

完成

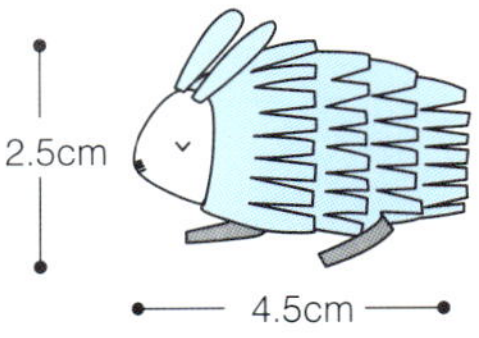

4

5

6

制作方法：详见P14
设计制作：荻野爱

7

8

9

制作方法：详见P15
设计制作：荻野爱

4

尺寸：参照成品图

作品详见P12

布：麻布（米褐色）20cm×10cm

串珠适量

透明线

〈制作图〉

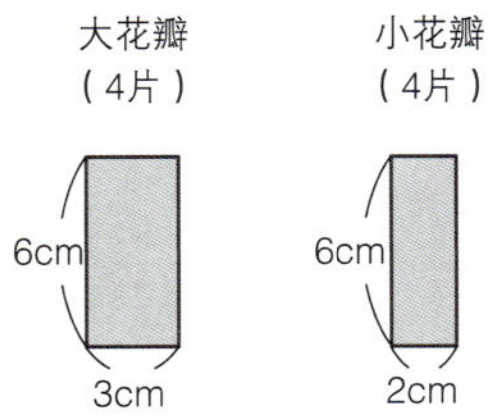

制作方法

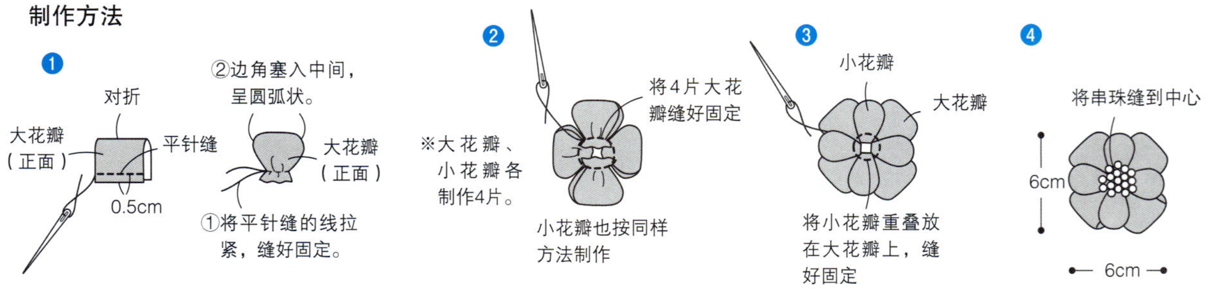

5

尺寸：33cm

作品详见P12

A布：麻布（米褐色）15cm×10cm

B布：麻布（深米褐色）10cm×10cm

C布：麻布（原色）5cm×5cm

蕾丝（宽0.6cm）35cm

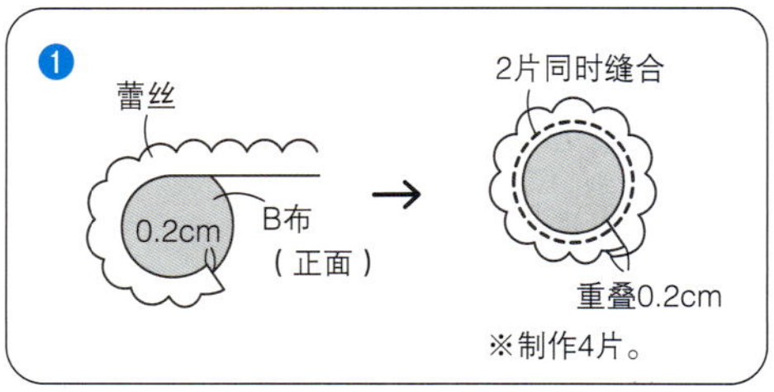

〈实物大纸样〉

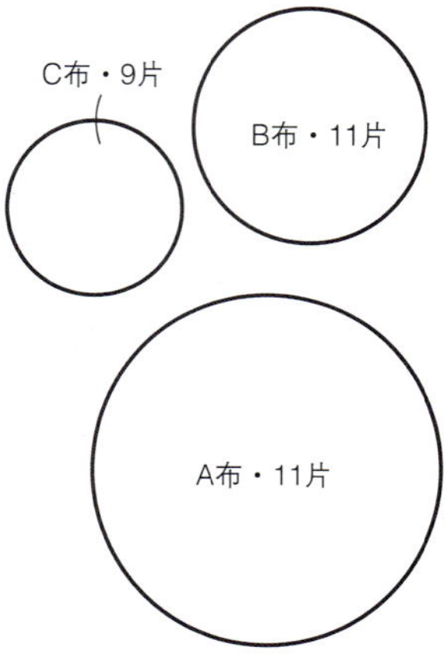

制作方法

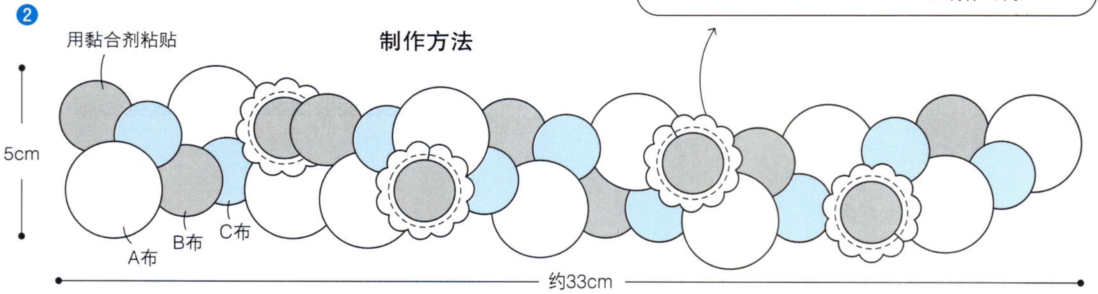

6

尺寸：参照成品图

作品详见P12

A布：麻布（原色）10cm×10cm

B布：麻布（米褐色）10cm×5cm

C布：棉布（原色）10cm×5cm

制作方法

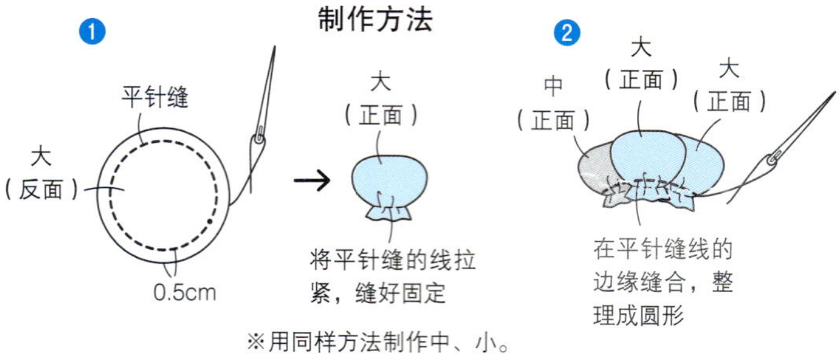

※用同样方法制作中、小。

完成

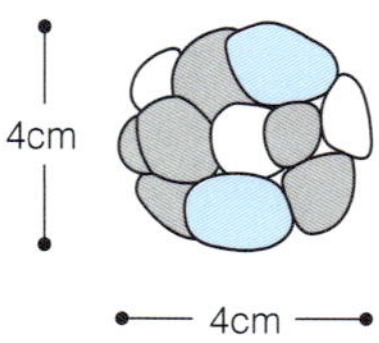

〈实物大纸样〉

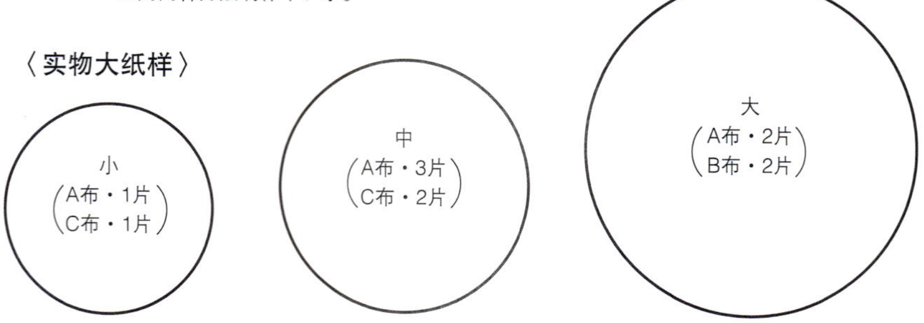

7

尺寸：参照成品图

作品详见P13

A布：麻布（米褐色）30cm×3cm
B布：平纹（原色）30cm×1cm
C布：麻布（原色）30cm×2cm
蕾丝（宽1cm）30cm
透明线

〈制作图〉

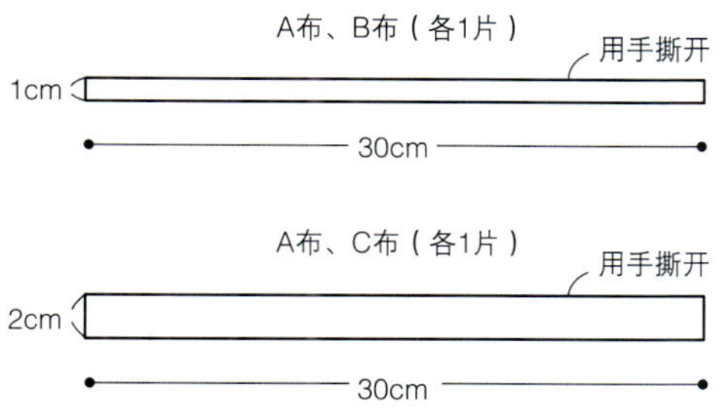

制作方法

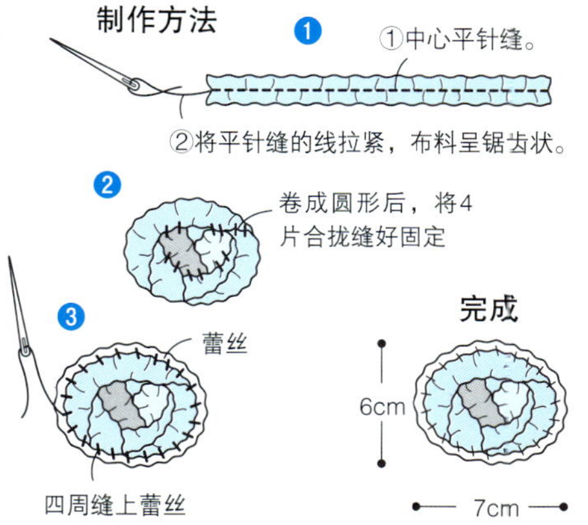

8

尺寸：参照成品图

作品详见P13

重点提示见P9

A布：麻布（米褐色）35cm×3cm
蕾丝（宽1.5cm）30cm
串珠适量
9字针适量
透明线

〈制作图〉

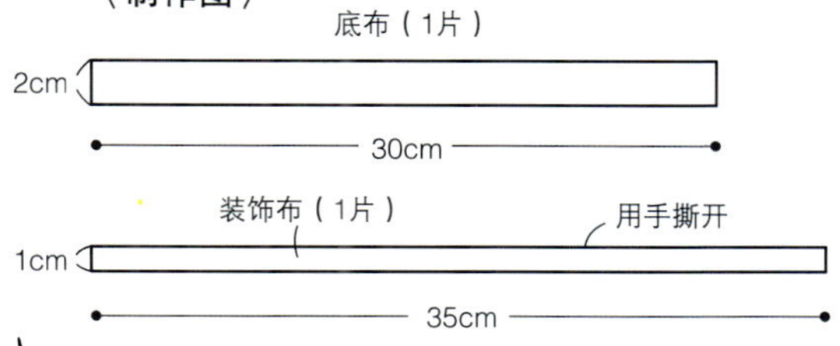

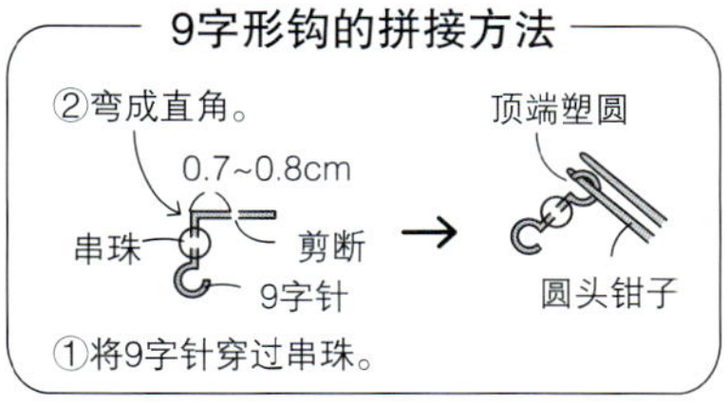

制作方法

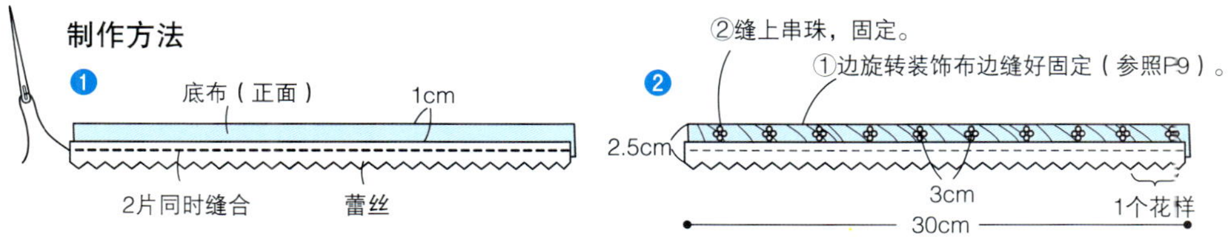

9

30cm

作品详见P13

A布：麻布（米褐色）
45cm×5cm
B布：麻布（原色）
30cm×1.5cm
蕾丝（宽0.8cm）30cm
透明线

〈制作图〉

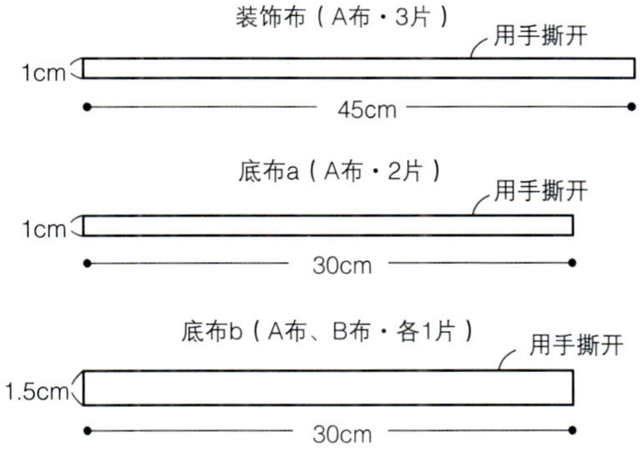

制作方法

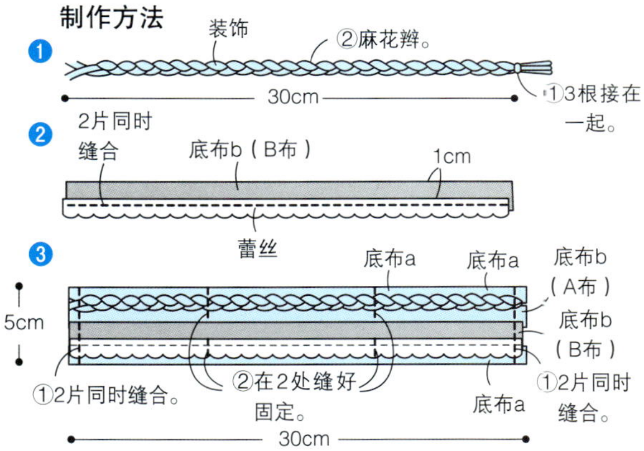

14

尺寸：参照成品图

作品详见P17

A布：厚羊毛布（黑色）15cm×5cm
B布：麻布（米褐色）15cm×5cm
纽扣（直径1.5cm）1颗

制作方法

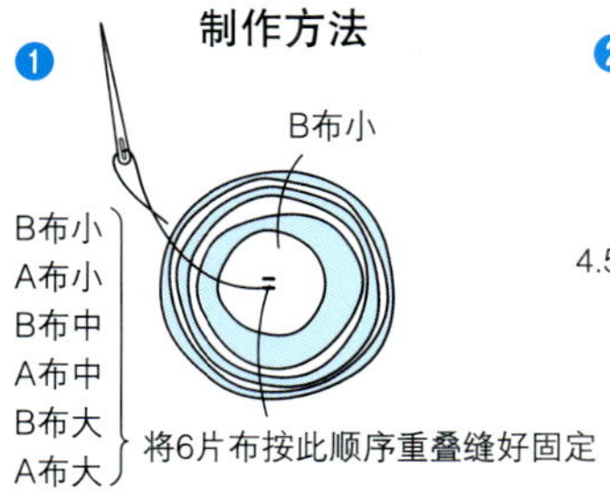

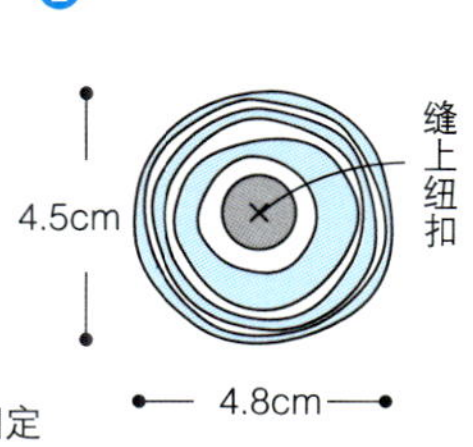

〈实物大纸样〉

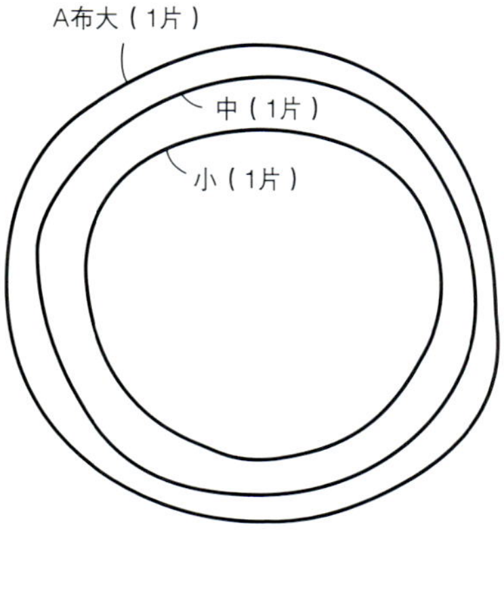

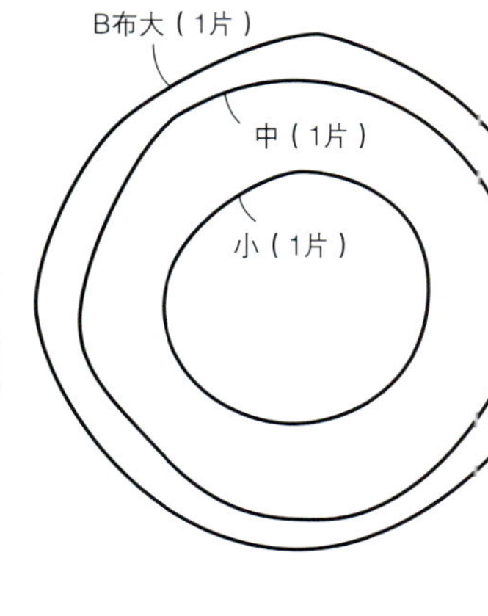

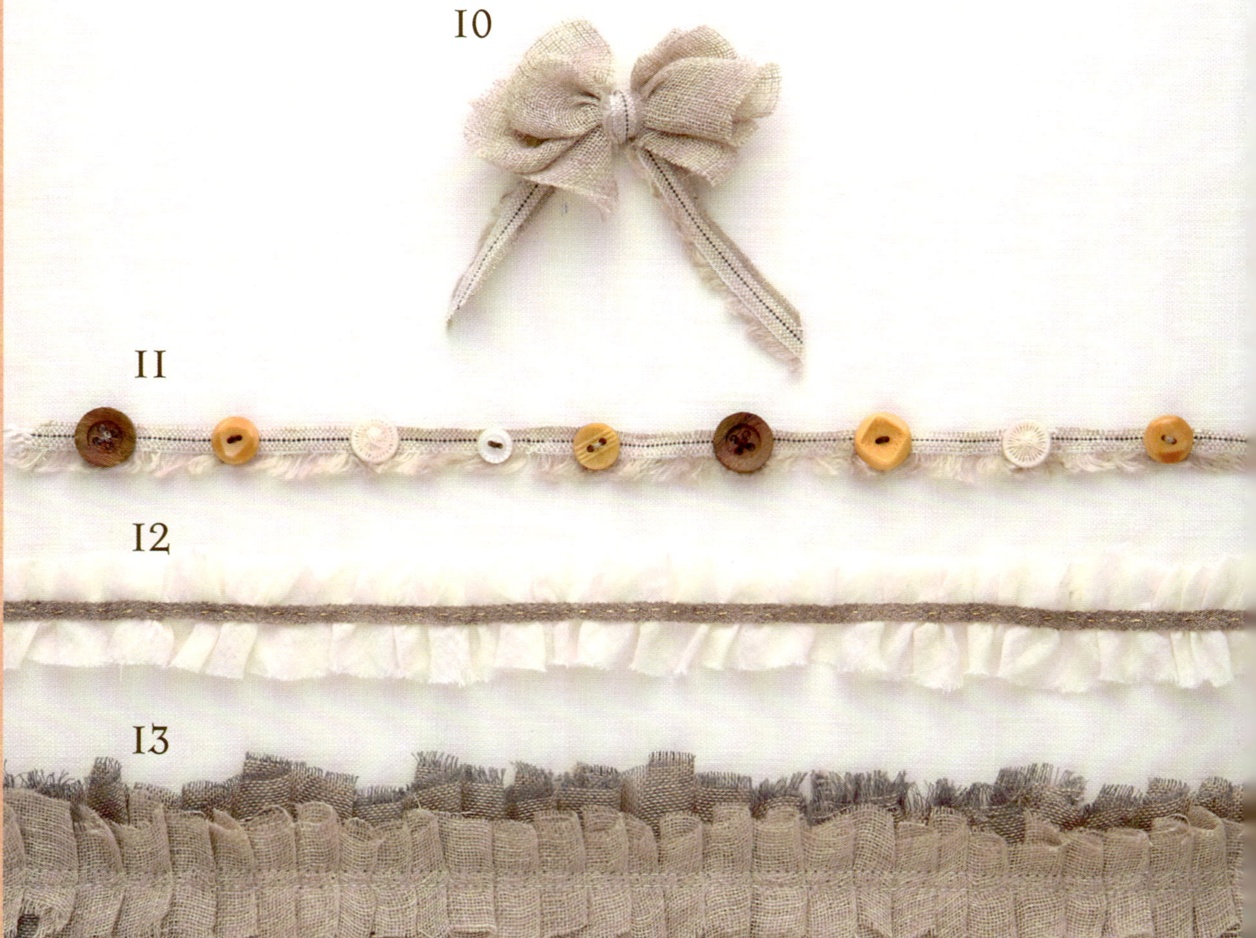

制作方法：详见P18
设计制作：trifolium

14

15

16

17

制作方法：作品14详见P15，作品15~17详见P19
设计制作：trifolium

10

尺寸：参照成品图

作品详见P16

布：麻布（米褐色）26cm×20cm

〈制作图〉

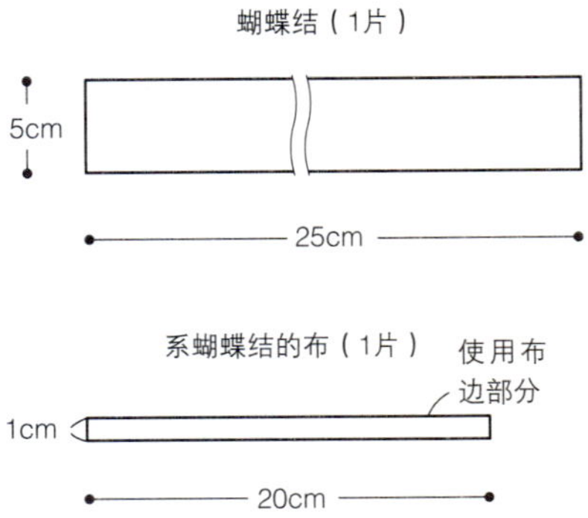

制作方法

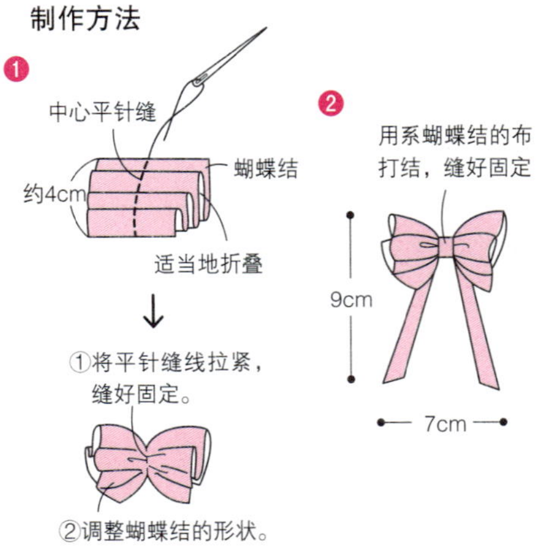

11

30cm

作品详见P16

布：麻布（米褐色）1cm×30cm

纽扣（直径0.8cm、1cm、1.5cm）9颗

制作方法

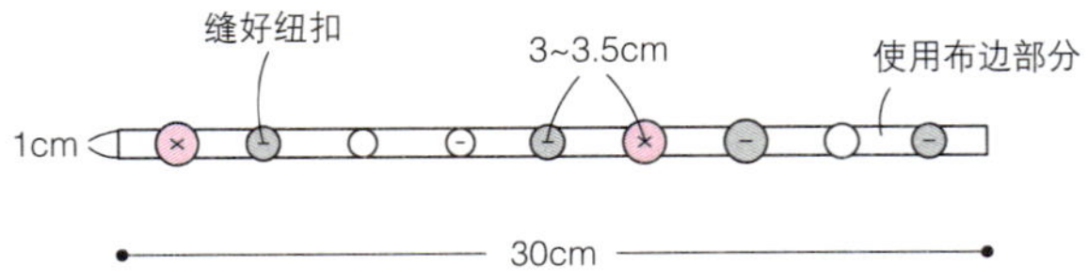

12

30cm

作品详见P16

布：麻布（白色）60cm×60cm

麻布条（宽0.5cm）30cm

金色线

〈制作图〉

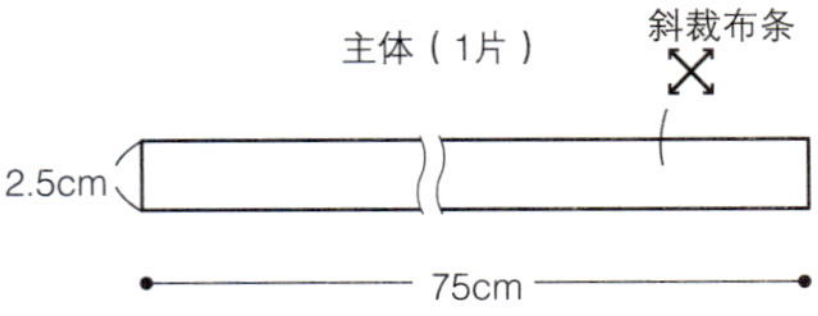

制作方法

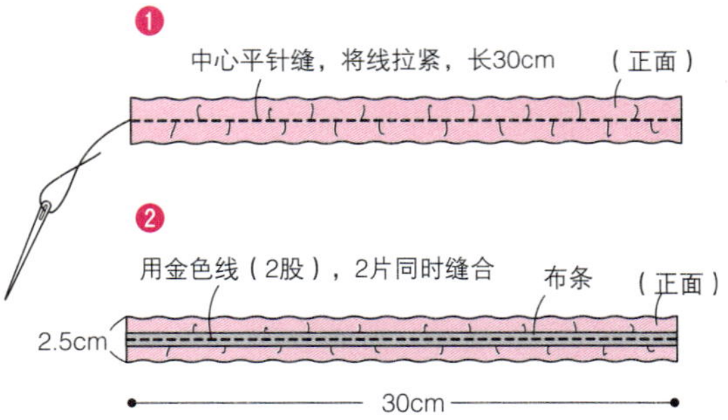

13

30cm

作品详见P16

A布：麻布（蓝灰色）80cm×5cm

B布：麻布（米褐色）80cm×5cm

〈制作图〉

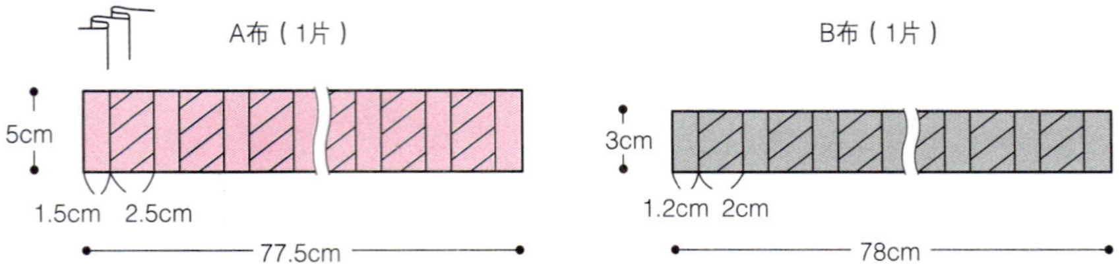

制作方法

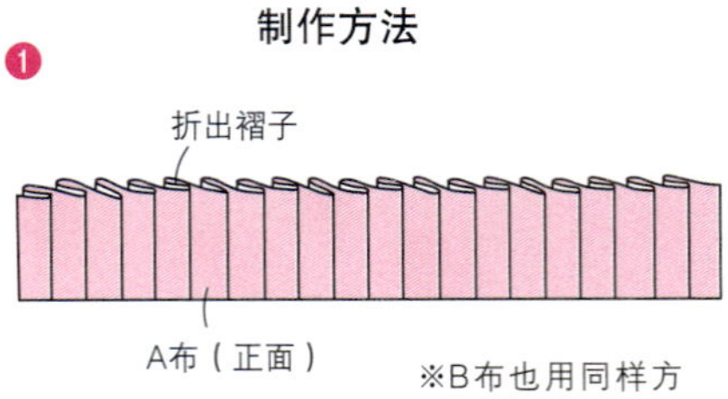

※B布也用同样方法折出褶子。

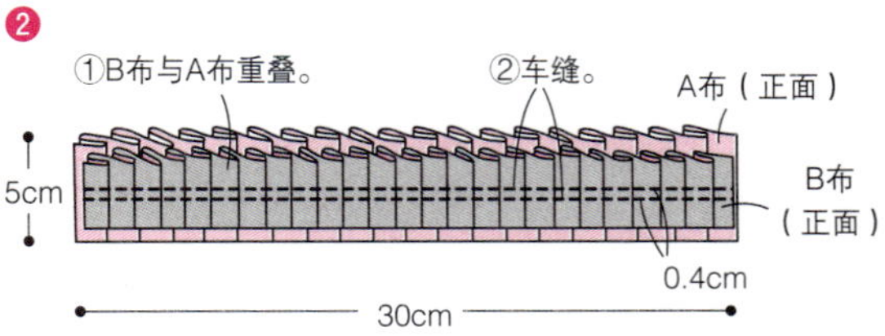

15

尺寸：参照成品图

作品详见P17

布：厚羊毛布（黑色）7cm×5cm
蕾丝（宽0.3cm）5cm
金属丝（细）3cm
25号刺绣线（白色）

制作方法

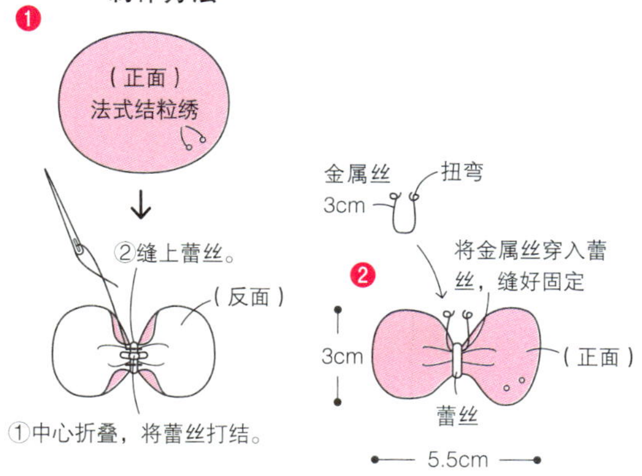

〈实物大纸样〉

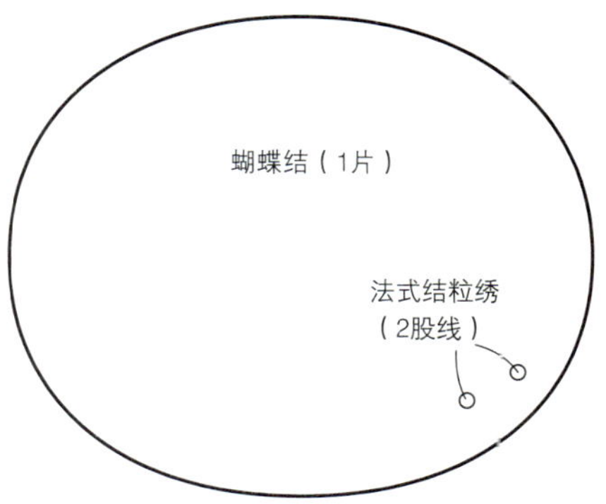

16

尺寸：参照成品图

作品详见P17

A布：麻布（白色）60cm×60cm
B布：羊毛布（黑色）5cm×5cm
极细毛线（白色）90cm

制作方法

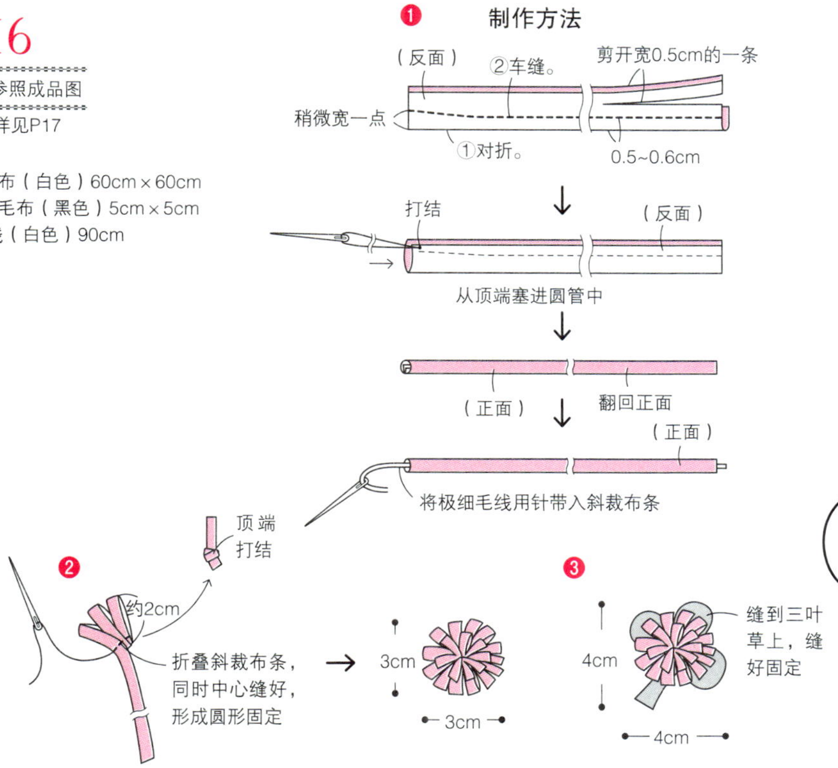

〈A布的裁剪方法〉

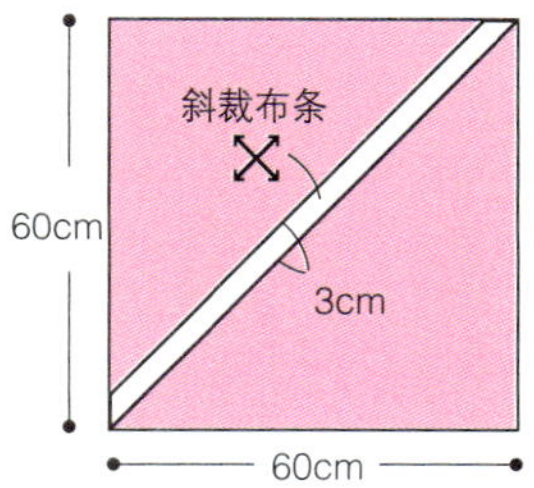

〈实物大纸样〉

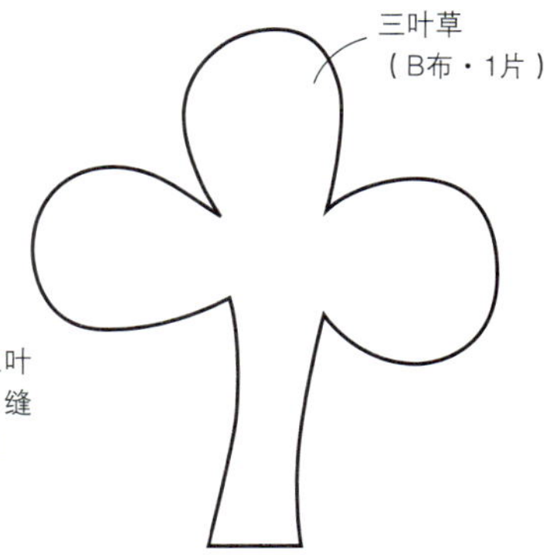

17

30cm

作品详见P17

A布：羊毛布（黑色）30cm×5cm
B布：麻布（米褐色）30cm×5cm

〈制作图〉

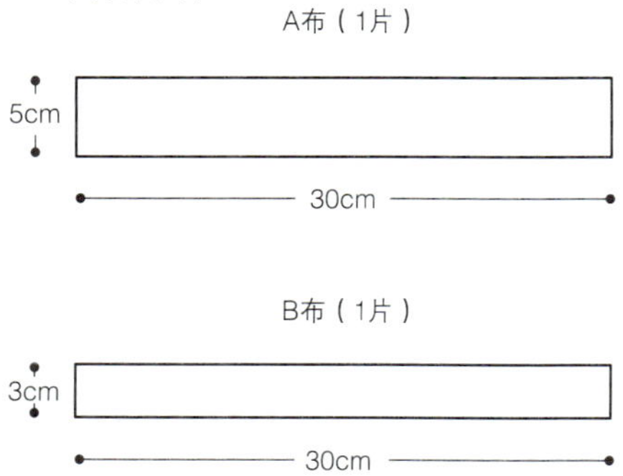

制作方法

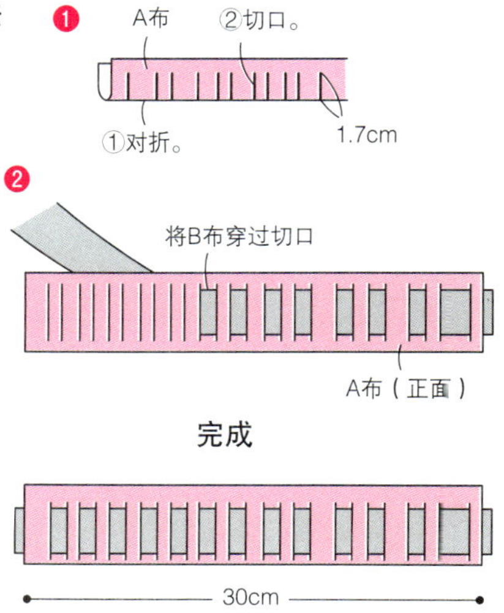

制作方法：作品18~20详见P22，作品21详见P11
设计制作：川名晶子

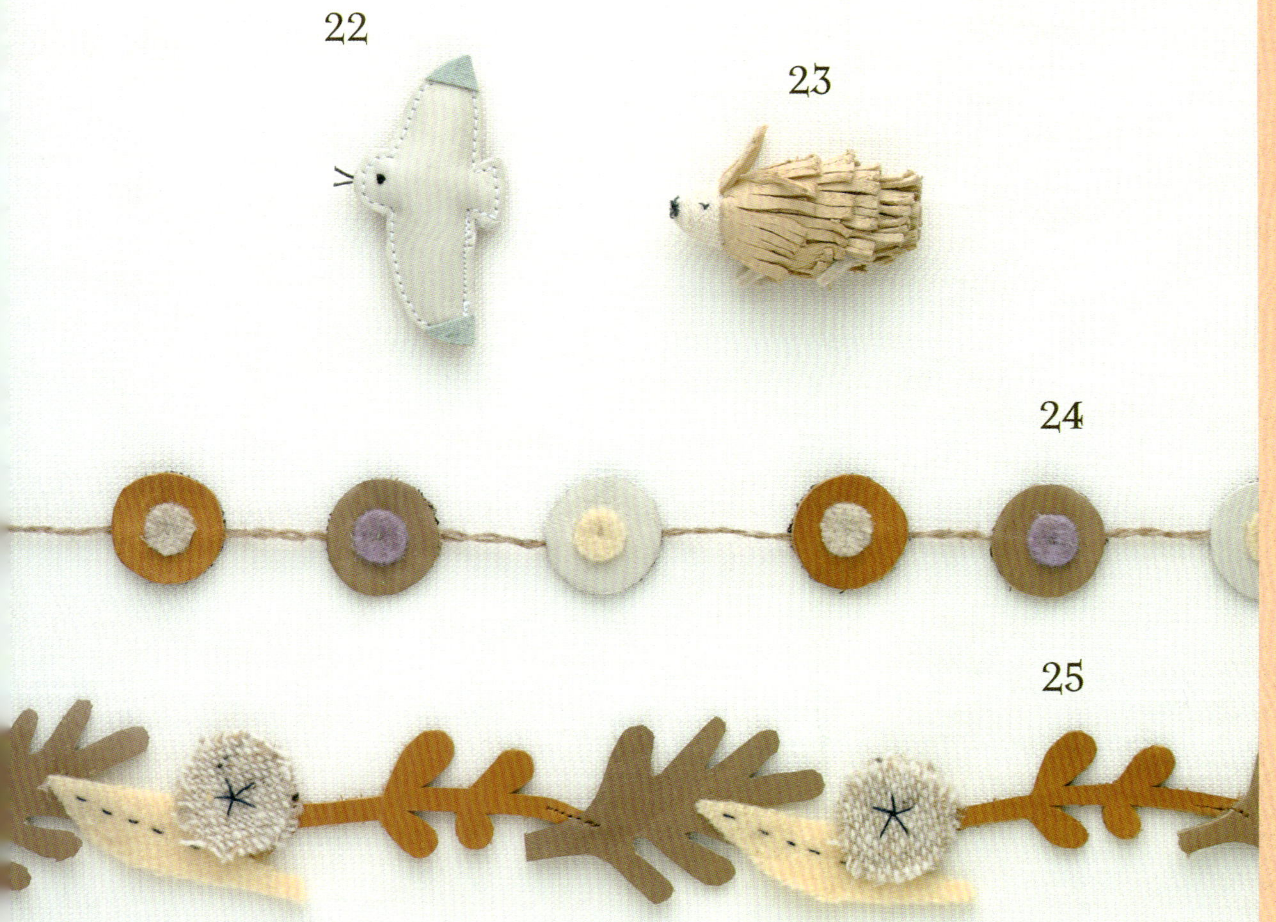

制作方法：作品22、24、25详见P23，作品23详见P11
设计制作：川名晶子

18

尺寸：参照成品图

作品详见P20

A革：表层革（灰绿色）5cm×5cm
B布：羊毛布（千鸟格）5cm×5cm
C布：厚不织布（黄色）5cm×5cm
25号刺绣线（黑色）

制作方法

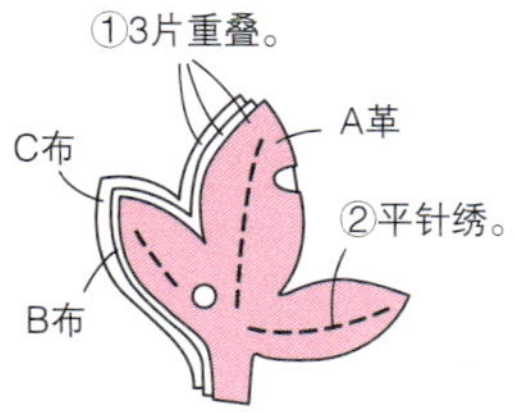

完成

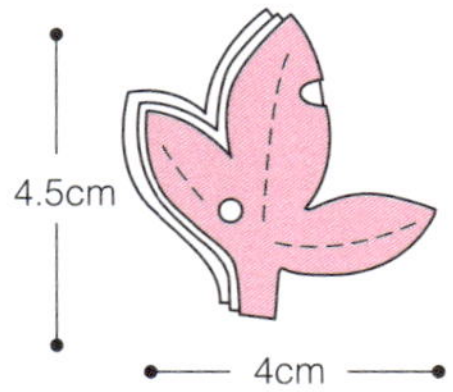

〈实物大纸样〉

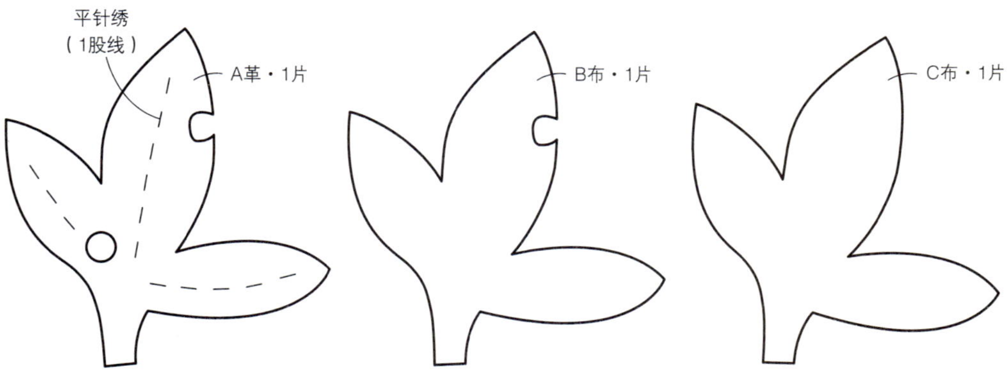

20

约21cm（1个花样）

作品详见P20

A革：里层革（绿色）5cm×5cm
B布：羊毛布（原色）5cm×5cm
C革：里层革（茶色）少许
绳子（粗0.3cm）30cm
纽扣（直径0.7cm）4颗
25号刺绣线（白色）

〈实物大纸样〉

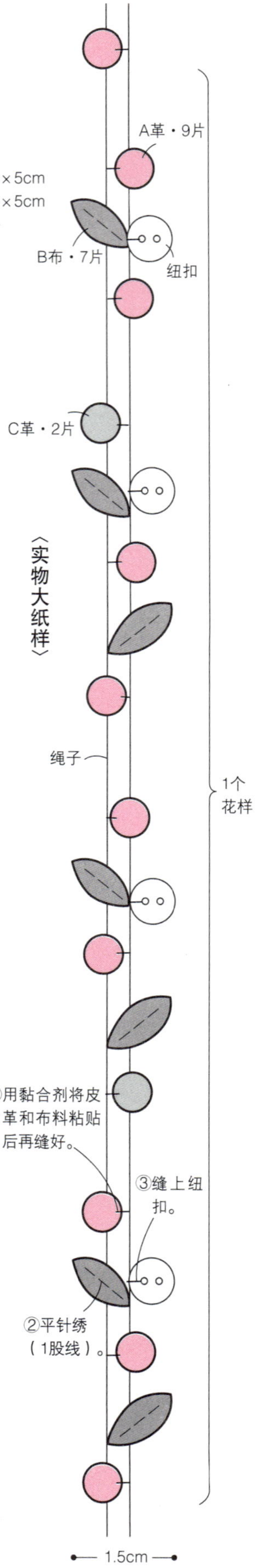

19

尺寸：参照成品图

作品详见P20

A革：里层革（茶色）5cm×5cm
B布：麻布（黄色）5cm×5cm
C布：麻布（米褐色）5cm×5cm
D布：羊毛布（绿色）5cm×5cm
填充棉少许

制作方法

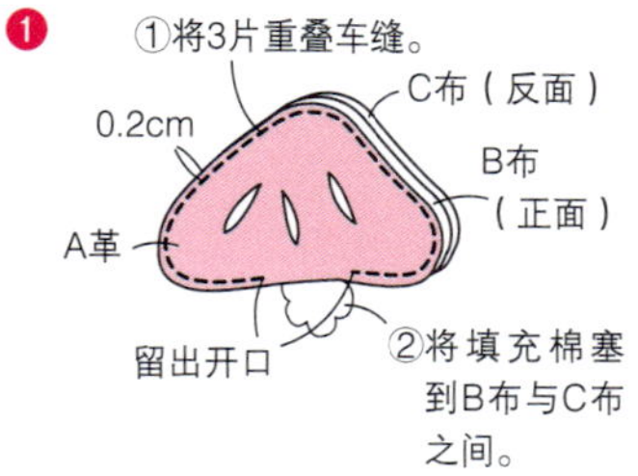

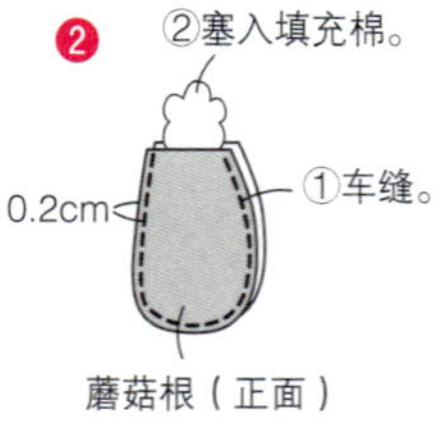

完成

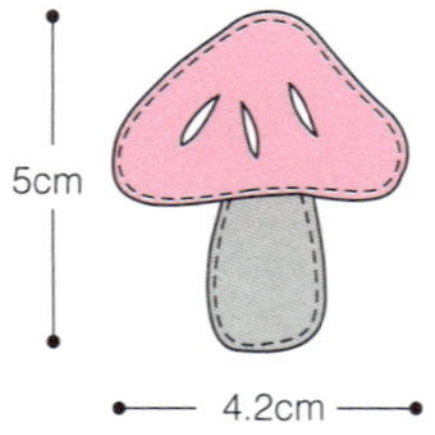

〈实物大纸样〉

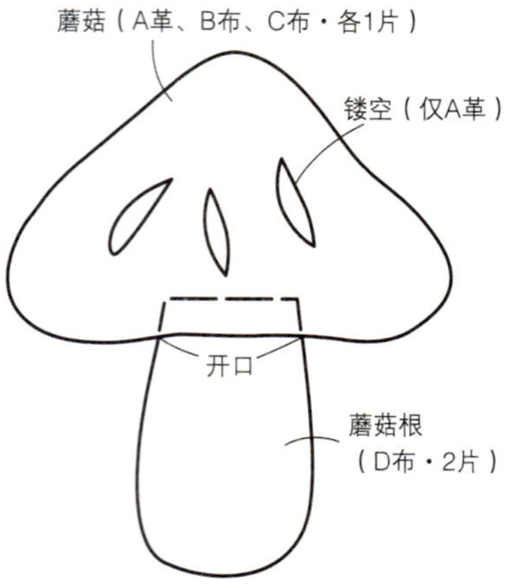

22

尺寸：参照成品图

作品详见P21

A革：表层革（灰色）4cm×7cm
B布：麻布（茶色）4cm×7cm
C革：里层革（淡蓝色）3cm×1cm
25号刺绣线（黑色）
填充棉少许

制作方法

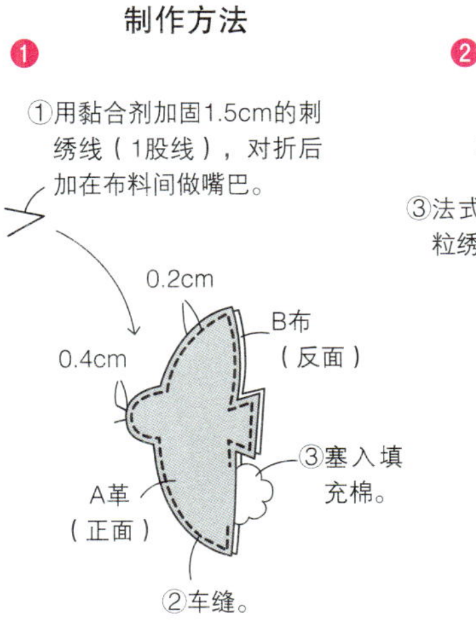

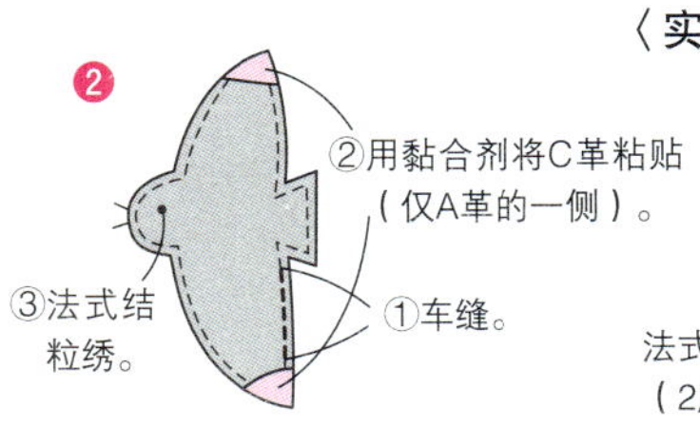

完成

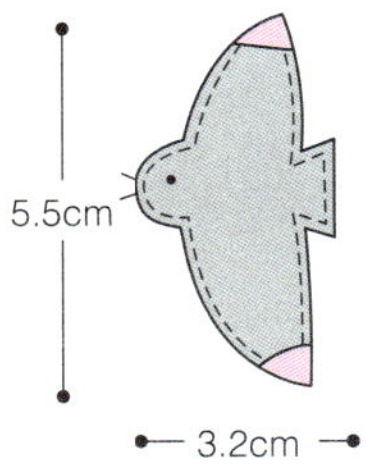

〈实物大纸样〉

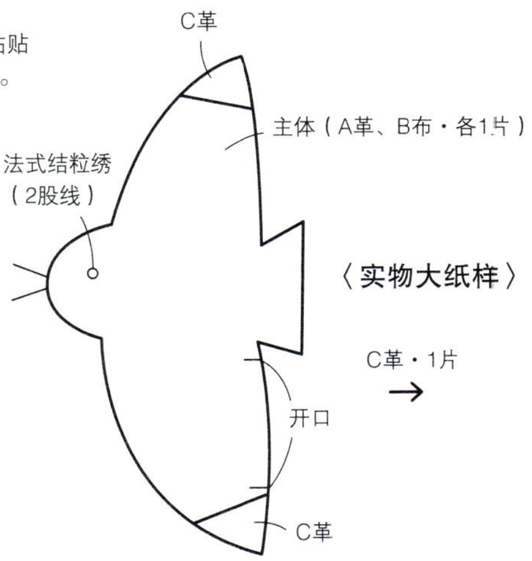

〈实物大纸样〉

C革・1片 →

24

约22cm（2个花样）

作品详见P21

A革：表层革（茶色）5cm×5cm、B革：表层革（灰色）5cm×5cm
C革：表层革（深棕色）5cm×5cm、D布：羊毛布（米褐色）2cm×1cm
E布：羊毛布（原色）2cm×1cm、F布：羊毛布（紫色）2cm×1cm
G布：麻布（紫色）10cm×5cm、羊毛绳（粗0.1cm）30cm

制作方法

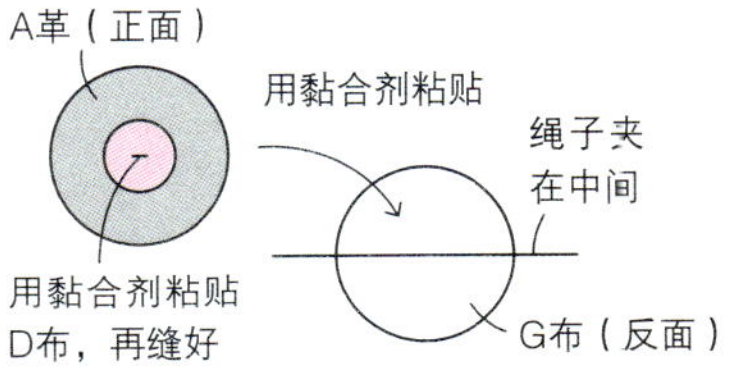

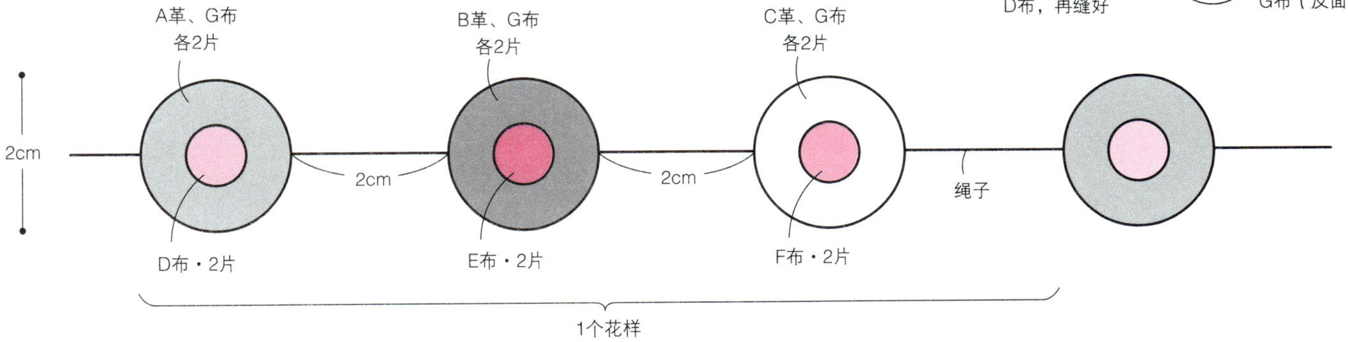

25

约22cm（2个花样）

作品详见P21

A革：表层革（茶色）10cm×7cm
B革：表层革（深棕色）12cm×5cm
C布：羊毛布（米褐色）10cm×5cm
D布：羊毛布（奶油色）10cm×5cm
25号刺绣线（藏蓝色）

制作方法

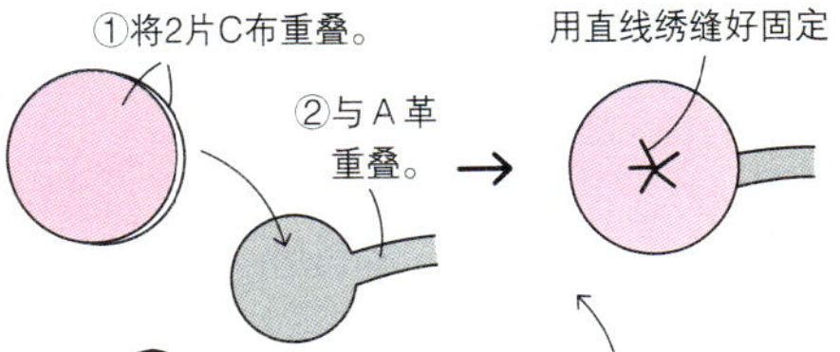

〈实物大纸样〉

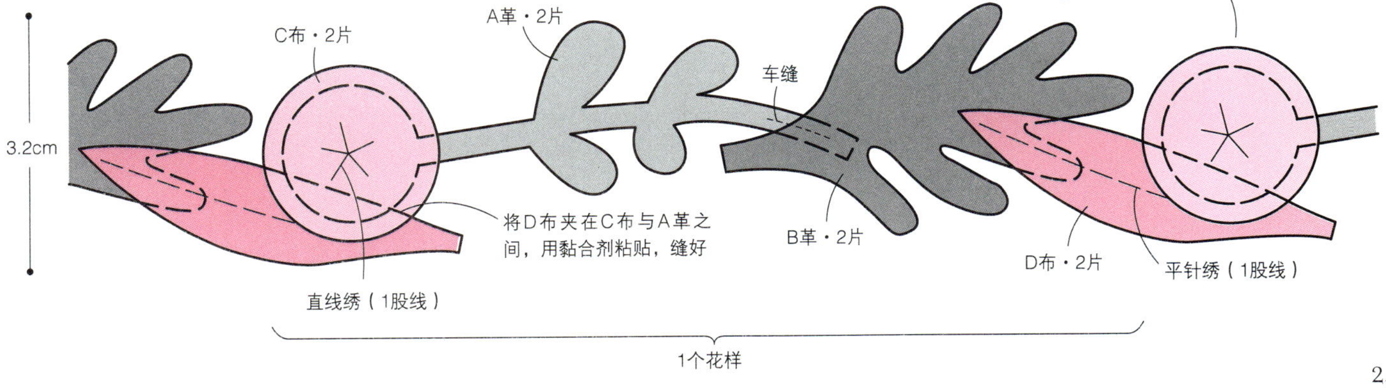

制作方法：作品26、27、29详见P26，作品28详见P27
设计制作：Komurata Noriko

制作方法：作品30、31、33详见P27，作品32详见P72
设计制作：Komurata Noriko

26

尺寸：参照成品图

作品详见P24

布：不织布（深棕色）10cm×5cm

25号刺绣线（深棕色）

〈实物大纸样〉

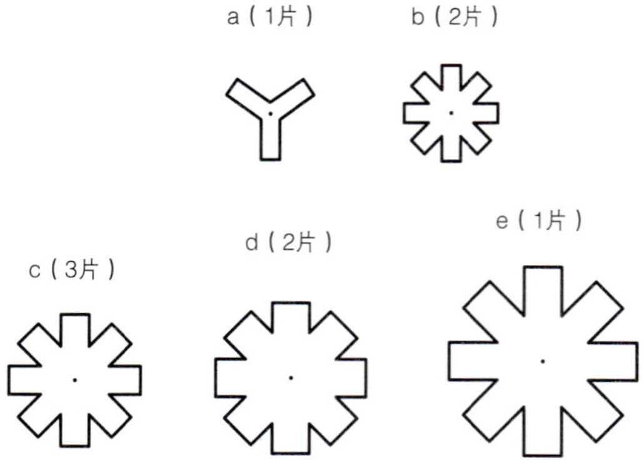

制作方法

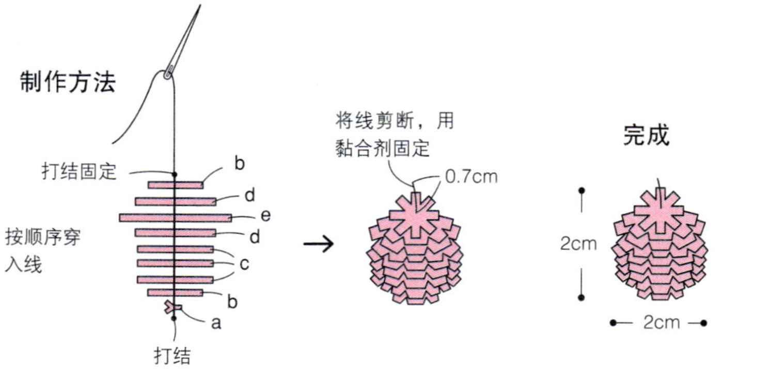

27

尺寸：参照成品图

作品详见P24

布：不织布（白色）10cm×8cm

25号刺绣线（白色）

制作方法

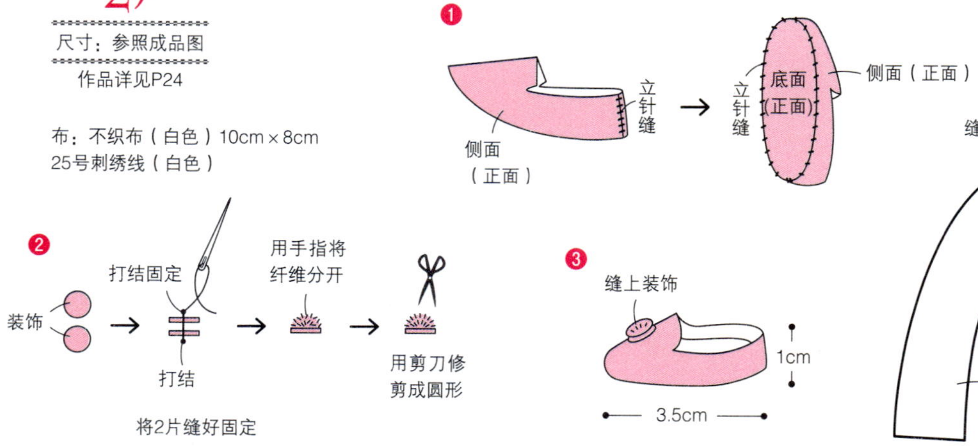

〈实物大纸样〉

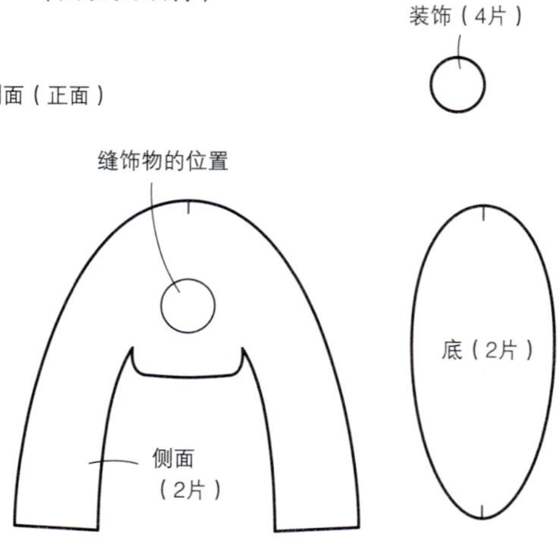

29

尺寸：参照成品图

作品详见P24

A布：不织布（白色）10cm×7cm

B布：不织布（浅绿色）1cm×5cm

串珠（直径0.4cm）6颗

制作方法

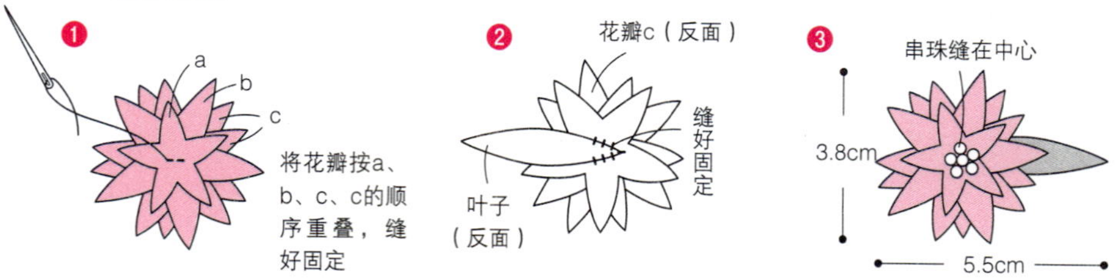

〈实物大纸样〉

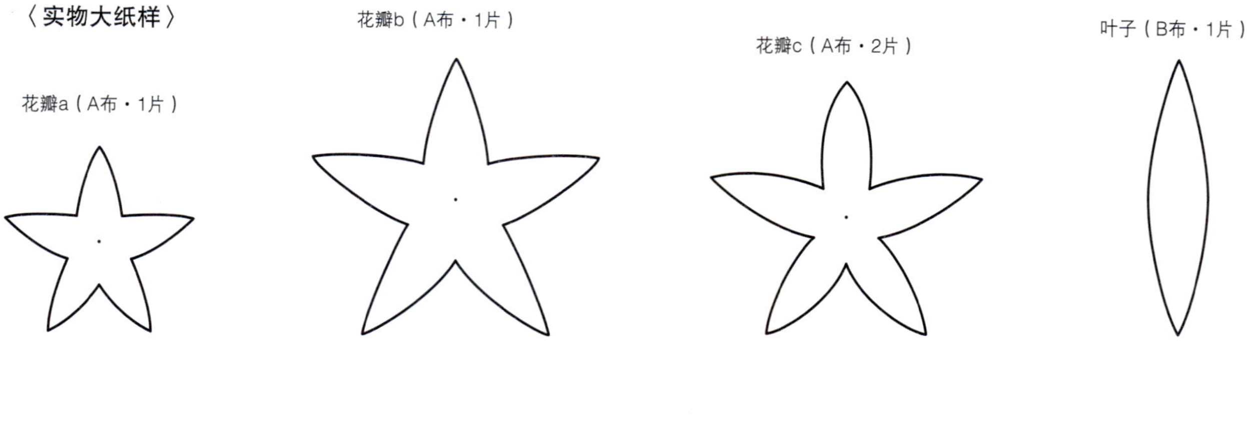

28

尺寸：参照成品图

作品详见P24

A布：不织布（白色）5cm×5cm

B布：不织布（米褐色）4cm×5cm

C布：不织布（浅绿色）5cm×1cm

制作方法

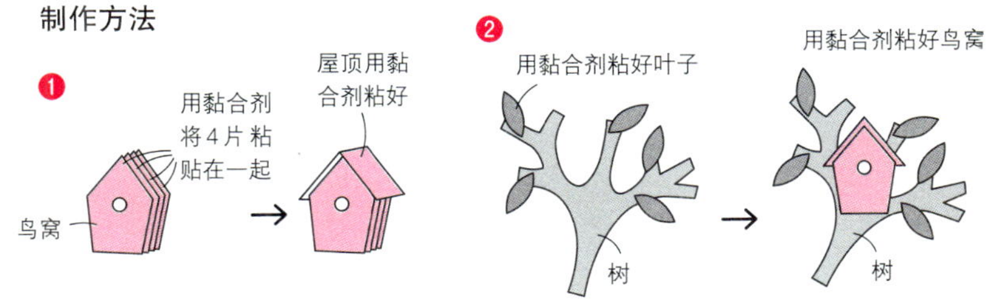

〈实物大纸样〉

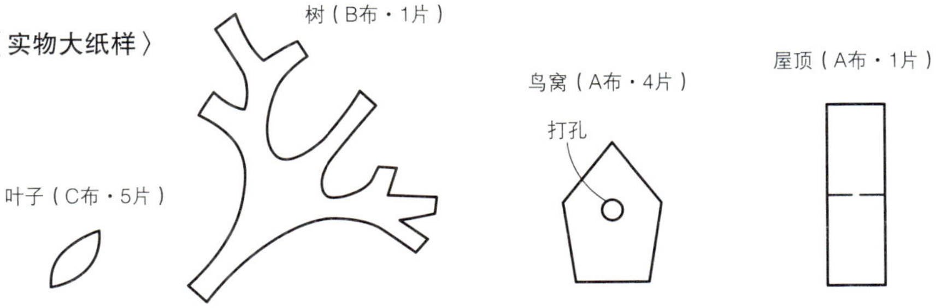

完成

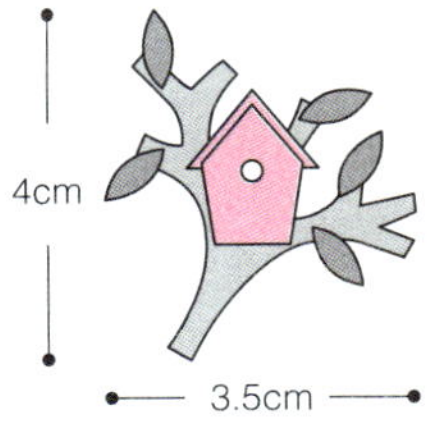

30

约20cm（2个花样）

作品详见P25

布：不织布（白色）30cm×5cm

〈实物大纸样〉

31

约21.5cm（2个花样）

作品详见P25

布：不织布（米褐色）30cm×5cm

〈实物大纸样〉

33

约22cm（5个花样）

作品详见P25

A布：不织布（白色）10cm×7cm

B布：不织布（橄榄绿色）5cm×5cm

麻丝带（宽2.5cm）30cm

褶皱布条（宽0.5cm）60cm

25号刺绣线（绿色）

制作方法

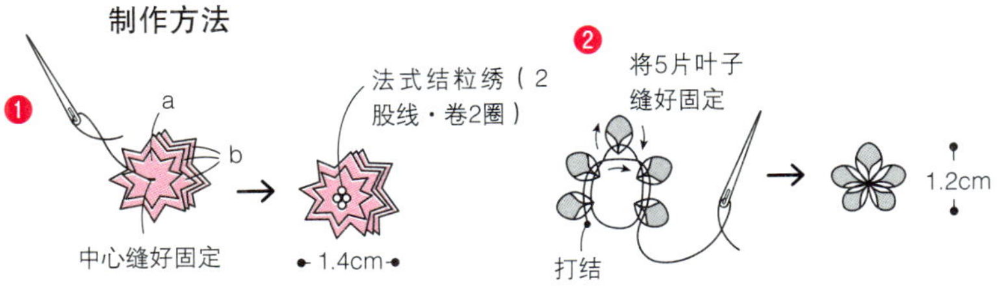

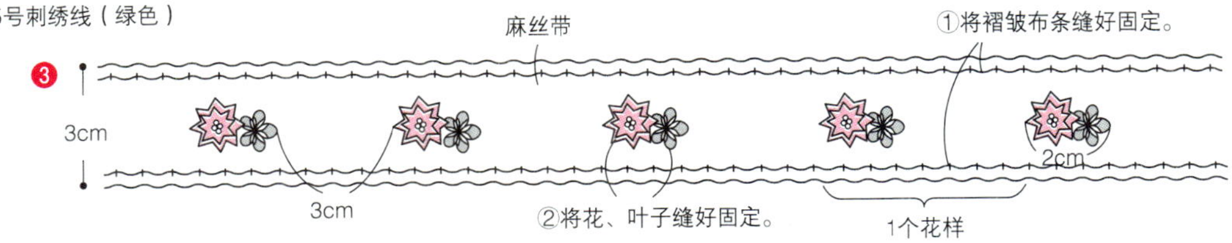

〈实物大纸样〉

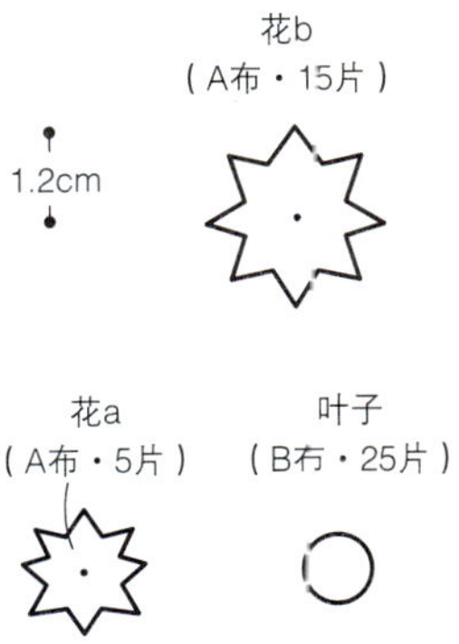

35

34

36

37

制作方法：作品34、35、37详见P30，作品36详见P31
设计制作：船本里美

38

39

40

41

制作方法：作品38、40详见P31，作品39、41详见P73
设计制作：船本里美

34

尺寸：参照成品图

作品详见P28

A布：棉布（浅绿色格子）15cm×6cm
B布：棉布（绿色花纹）10cm×8cm
C布：棉布（茶色花纹）2cm×2cm
铺棉10cm×6cm
填充棉少许
金属丝（细）4cm
25号刺绣线（绿色）

制作方法

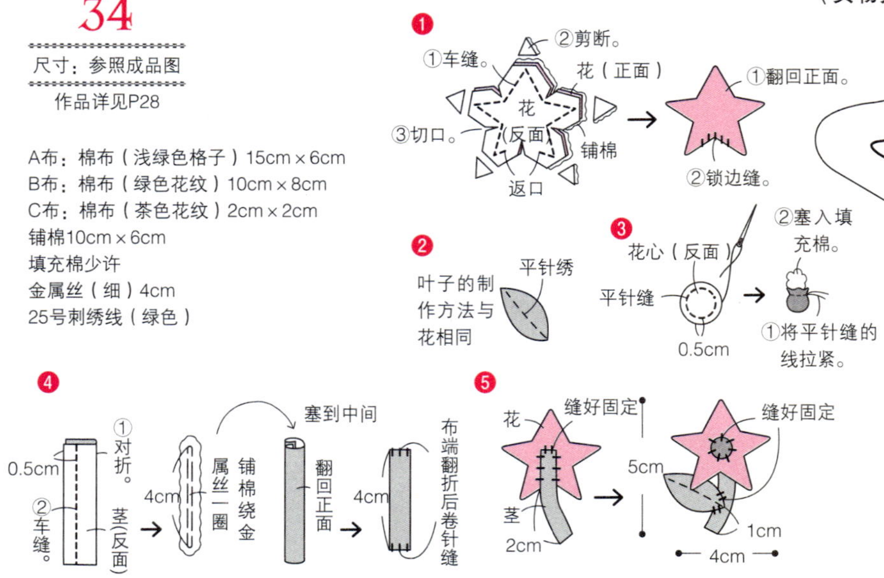

〈实物大纸样〉

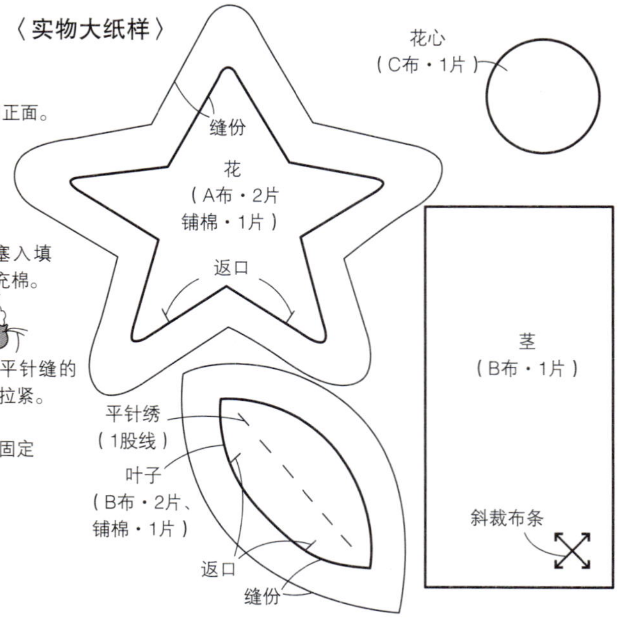

35

尺寸：参照成品图

作品详见P28

A布：棉布（米褐色格子）15cm×7cm
B布：不织布（白色）5cm×5cm
铺棉7cm×7cm
纽扣（直径0.9cm）4颗
25号刺绣线（蓝绿色、土黄色、绿色、胭脂色、粉色、米褐色）

制作方法

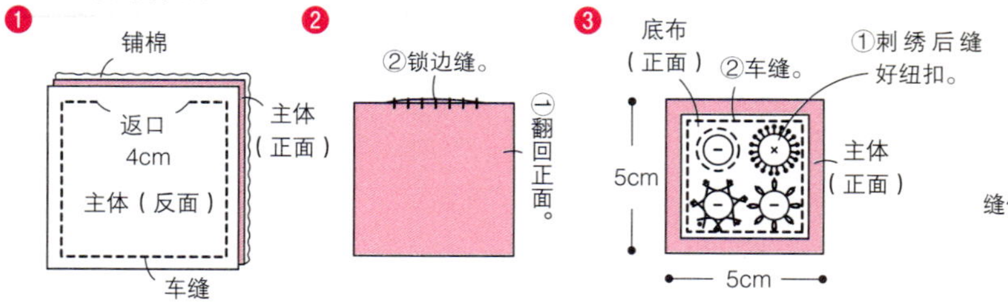

〈实物大纸样〉

※的刺绣线为1股线。

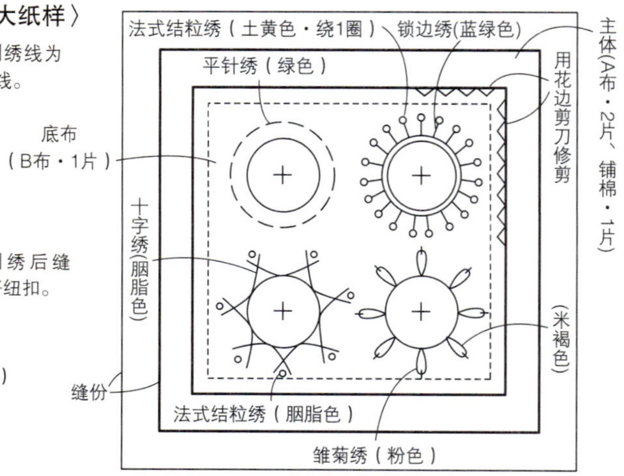

37

约28.5cm（3个花样）

作品详见P28

A布：羊毛布（绿色格子）30cm×10cm
B布：羊毛布（灰色格子）12cm×7cm
C布：羊毛布（绿色）15cm×10cm
D布：羊毛布（茶色格子）10cm×7cm
E布：羊毛布（胭脂色）3cm×1cm
F布：羊毛布（红茶色）3cm×1cm
黏合衬30cm×25cm
25号刺绣线（绿色、黄绿色、胭脂色、橙色、茶色、灰色）

〈实物大纸样〉

※刺绣线为2股线。

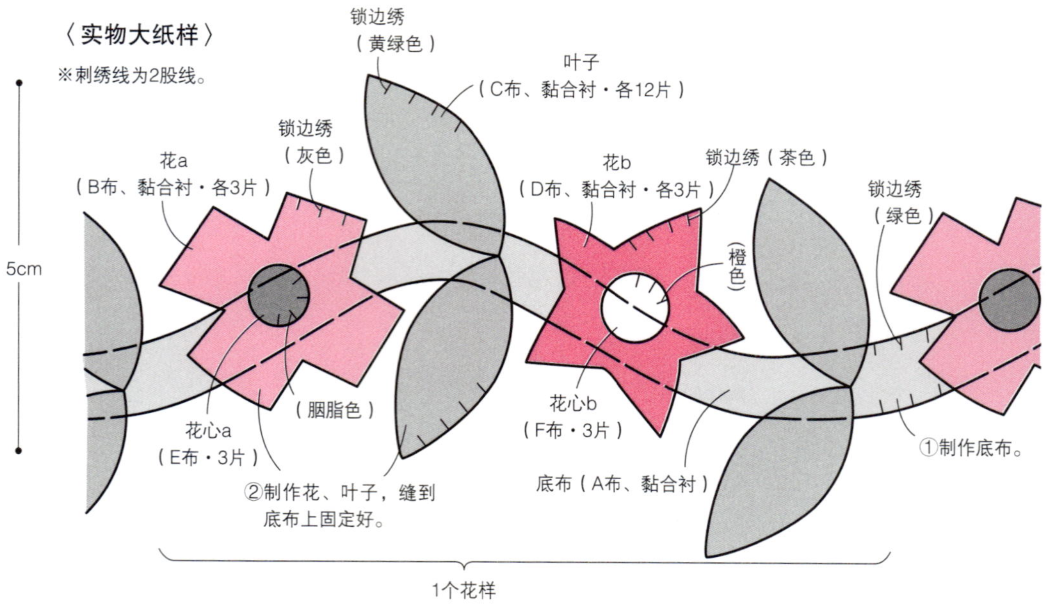

36

约22cm（2个花样）

作品详见P28

A布：棉布（米褐色花纹）30cm×10cm
B布：棉布（蓝色花纹）5cm×3cm
C布：棉布（米褐色方格）5cm×3cm
D布：棉布（绿色格子）5cm×3cm
底板用纸5cm×5cm
25号刺绣线（蓝绿色、土黄色、绿色、粉色、米褐色）

制作方法

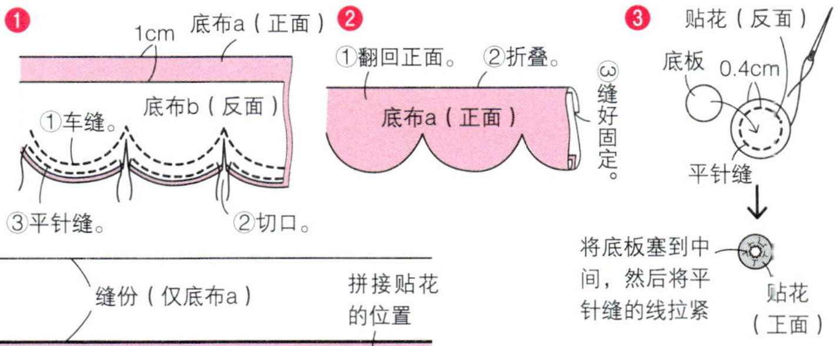

〈实物大纸样〉

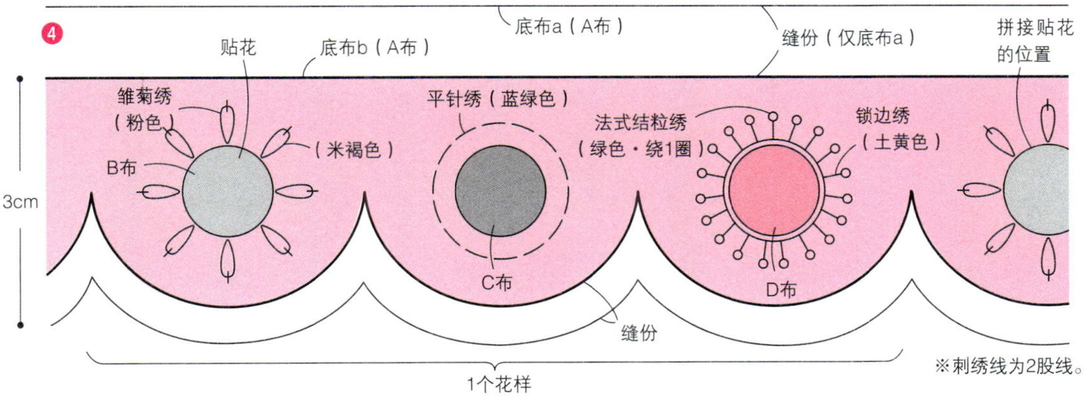

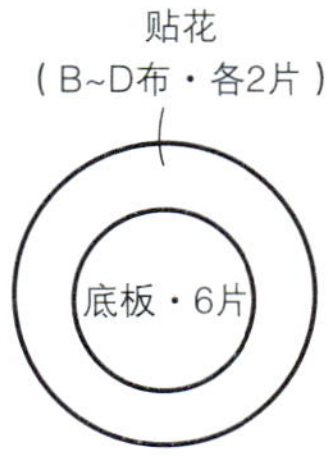

※刺绣线为2股线。

38

尺寸：参照成品图

作品详见P29

A布：毛皮（米褐色）12cm×5cm
B布：羊毛布（茶色）6cm×4cm
C布：羊毛布（茶色格子）3cm×2cm
填充棉少许
25号刺绣线（黑色）

制作方法

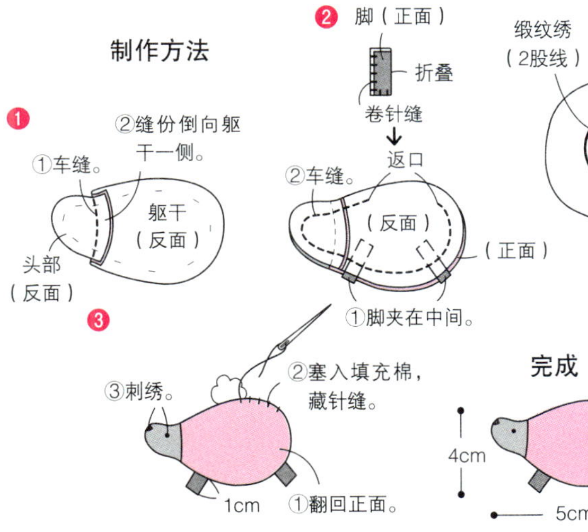

〈实物大纸样〉

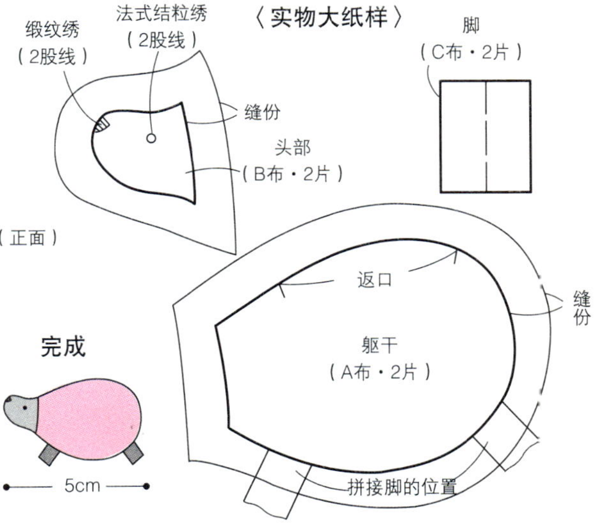

40

约26cm（3个花样）

作品详见P29

重点提示见P9

A布：棉布（浅茶色花纹）7cm×4cm
B布：棉布（灰色条纹）10cm×3cm
C布：棉布（深棕色花纹）15cm×3cm
D布：棉布（绿色）7cm×3cm
E布：棉布（星星花纹）30cm×7cm
F布：棉布（米褐色花纹）30cm×3cm
25号刺绣线（米褐色、灰色、茶色、绿色）

底布的裁剪方法

※留出0.5cm的缝份再裁剪。

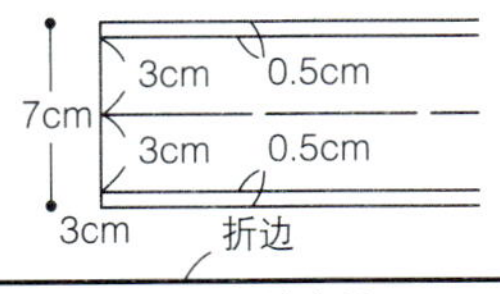

〈实物大纸样〉

※刺绣线为2股线。
※贴花留出0.5cm的缝份再裁剪。

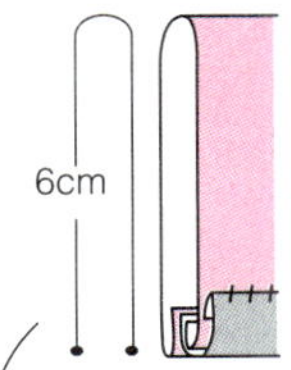

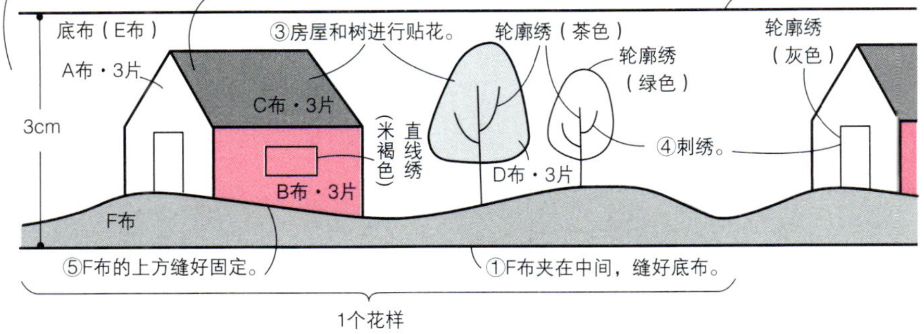

PART Ⅲ

优雅恬淡色彩晕染生活的点滴

——浅色系布艺小物

淡粉色、淡紫色混在白色中，给人清新素雅的印象。

42的项链吊饰，43的别针饰物以及44的蕾丝边项链都是设计中的亮点。

制作方法：作品42、43详见P34，作品44详见P35

设计制作：川名晶子

重点提示 49 ⇔ 作品详见P37

⇔ 主体的制作方法 ⇔

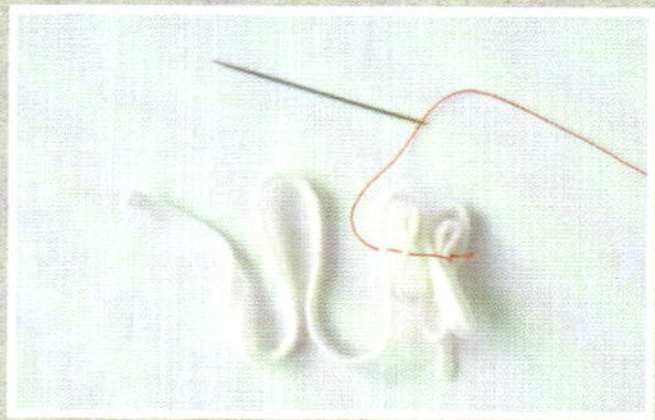

1 准备6条宽0.3cm、长30cm的布条。每条都按图中所示折成小卷后缝好固定。

2 第2条用同样方法折叠的同时将它缝到第1条上。

3 6条全部缝好后，形成直径约4cm的球体。

重点提示 57 ⇔ 作品详见P41

⇔ 绒球的制作方法 ⇔

1 将毛线在4cm宽的厚纸板上绕20圈。

2 取出厚纸板，将线中心系紧。

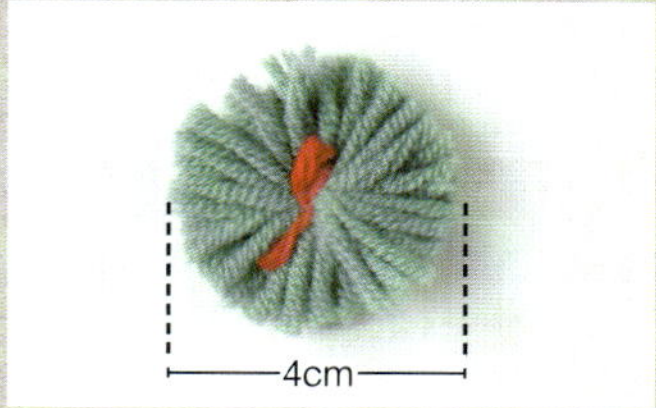

3 将线套部分剪开，线头剪齐，制作成直径4cm的绒球。

重点提示 58 ⇔ 作品详见P41

⇔ 花的制作方法 ⇔

1 沿图中所示的虚线，将花瓣折好。

2 沿折出的印痕压平，然后再按图示方法对折。用同样方法制作20片。

3 将花瓣顶端折叠过的部分全部缝合在一起，制作出花的形状。

⇔ 叶子的制作方法 ⇔

1 按照图中所示的方法，用黏合剂将3片叶子粘好。黏合衬贴在棉布的反面。

2 将叶子与不织布重叠放好，剪出同样大小的形状。

3 将2片布料重叠卷针缝。

重点提示 62 ⇔ 作品详见P44

⇔ 葡萄的制作方法 ⇔

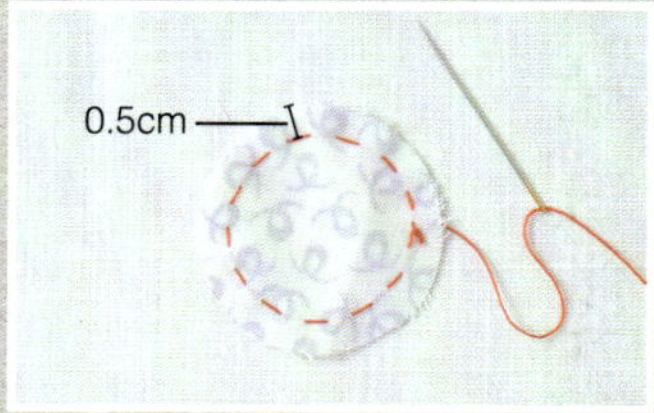

1 周围拱缝。

2 边将缝份折到内侧，边将线拉紧，中间塞入填充棉。

3 最后将线收紧，开口处缝合。

42

A布：不织布（黄绿色）10cm×8cm
B布：棉布（条纹）7cm×4cm
C布：棉布（原色）5cm×5cm

尺寸：参照成品图

作品详见P32

制作方法

※裁剪好花瓣后水洗晾干。

❶
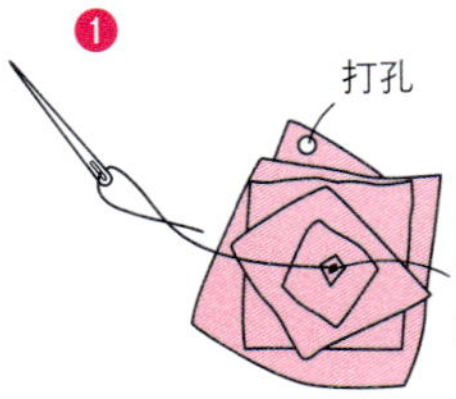

❷
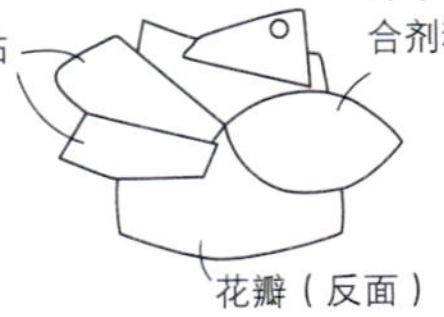

❸
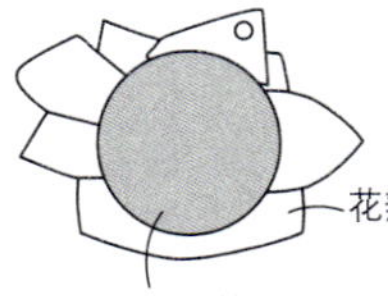

完成

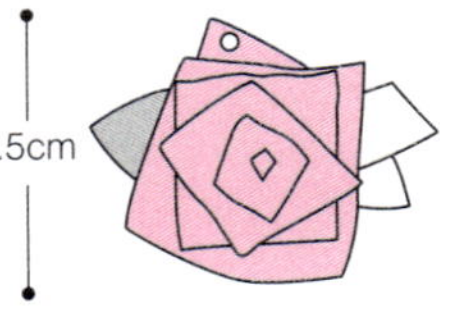

〈实物大纸样〉

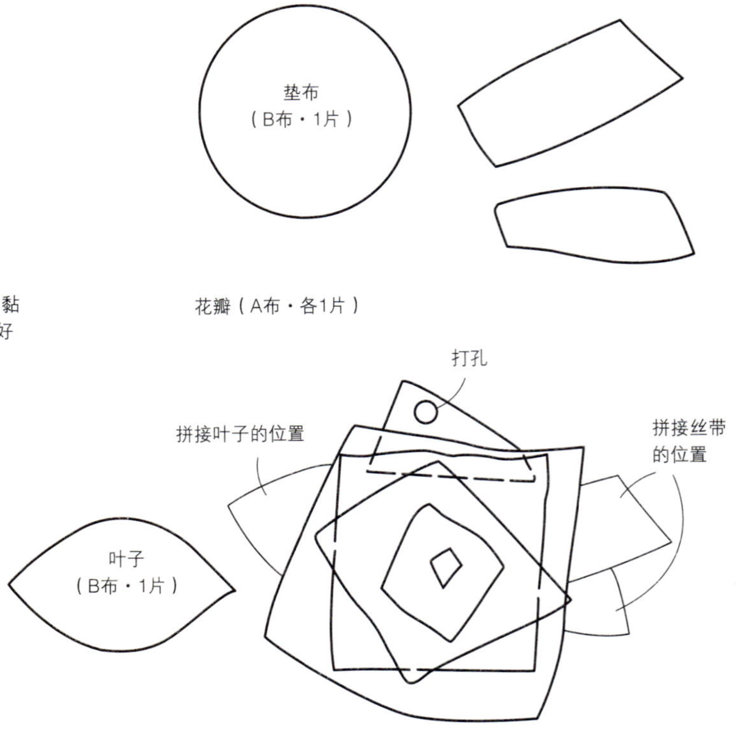

43

A布：棉布（淡蓝色）15cm×5cm
B布：棉布（灰色）7cm×3cm
C革：表层革（茶色）4cm×2cm
填充棉少许
25号刺绣线（黑色）

尺寸：参照成品图

作品详见P32

制作方法

❶
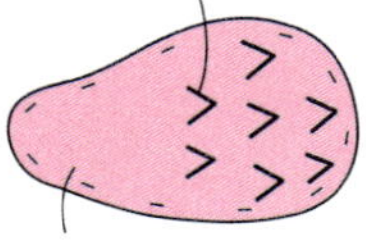

❷
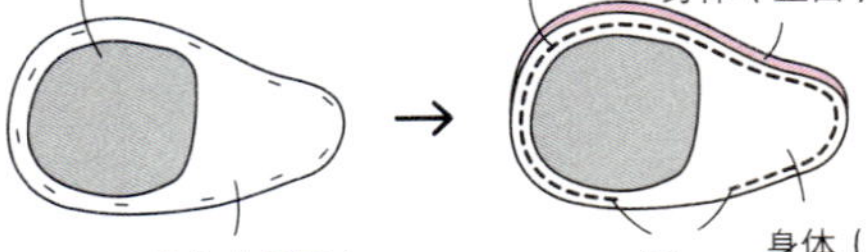

❸
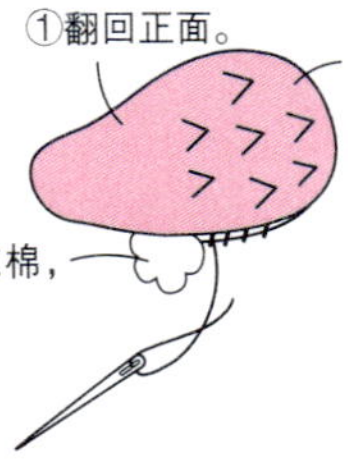

❹
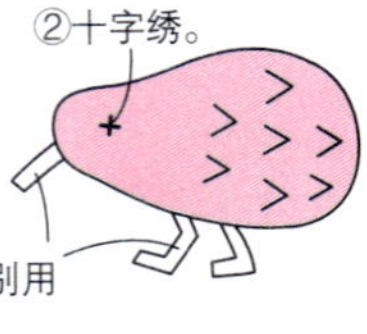

完成

〈实物大纸样〉

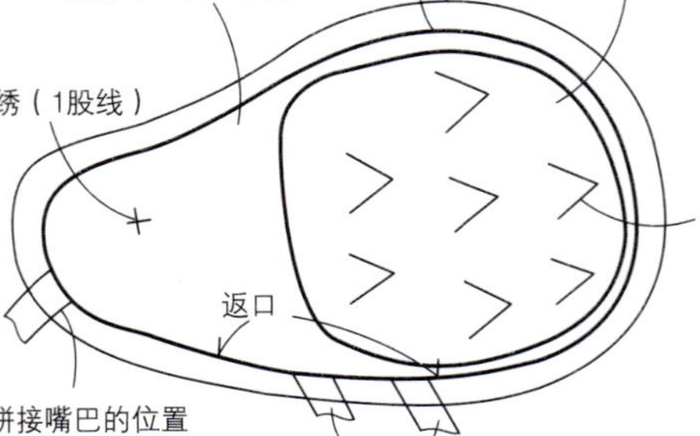

44

约32cm（1.5个花样）

作品详见P32

A布：双层纱布（白色）25cm×10cm
B布：不织布（粉色）5cm×5cm
C布：羊毛布（淡蓝色）5cm×5cm
蕾丝（宽0.6cm）35cm
25号刺绣线（白色）

〈制作图〉

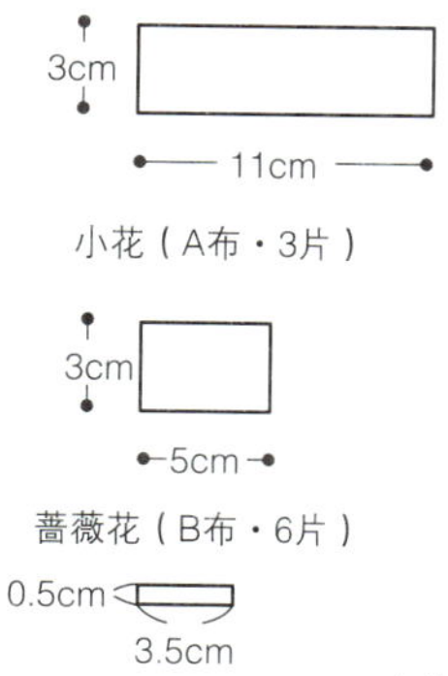

制作方法

1

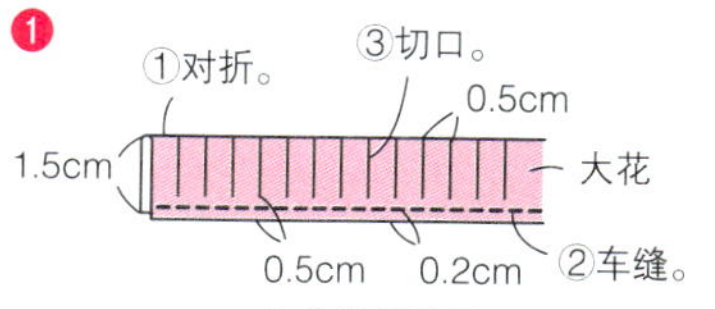

2

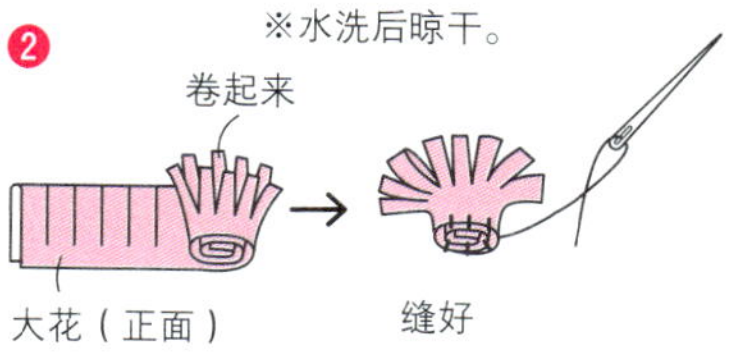

〈实物大纸样〉

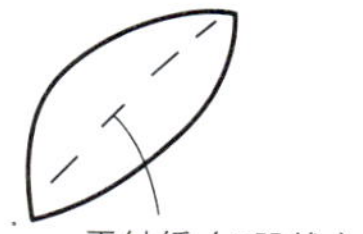

3

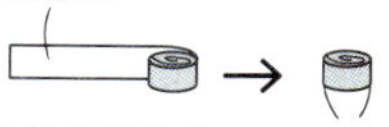

4

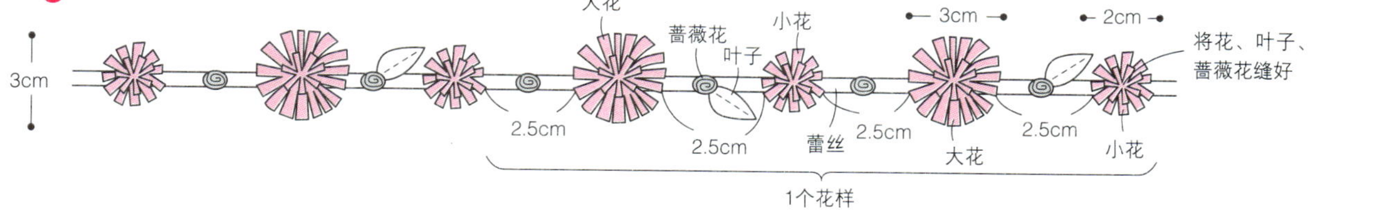

45

尺寸：参照成品图

作品详见P36

A布：棉布（浅绿色）25cm×1.3cm
B布：厚不织布（米褐色）23cm×1cm
C布：厚不织布（白色）5cm×5cm
D革：里层革（绿色）少许
25号刺绣线（白色）

〈制作图〉

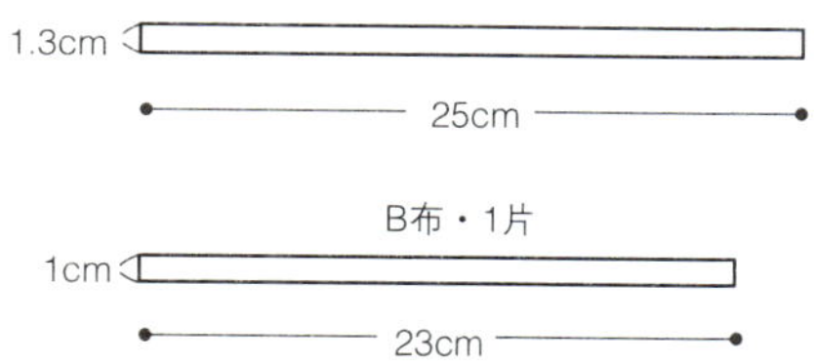

〈实物大纸样〉

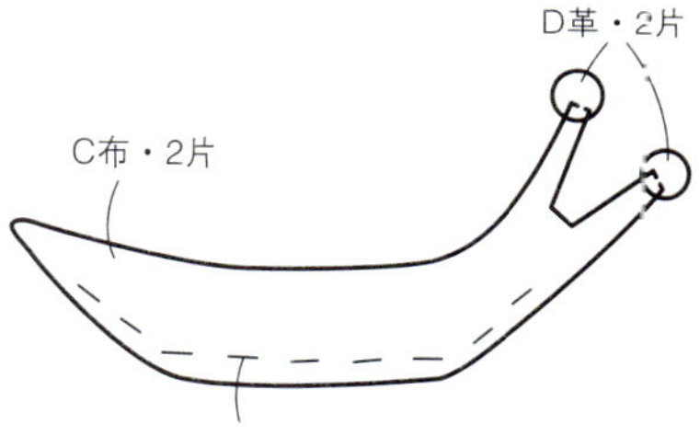

制作方法

1

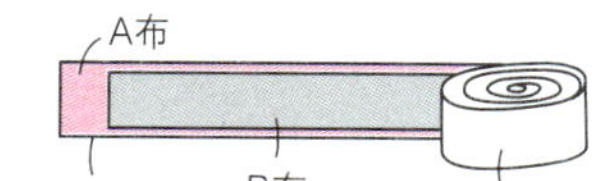

2

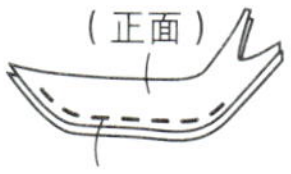

3

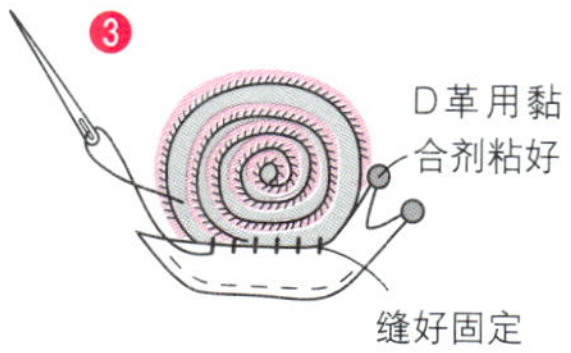

完成

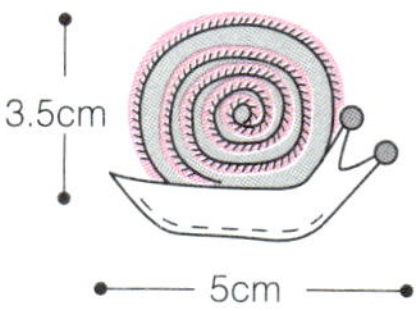

46

尺寸：参照成品图

作品详见P36

A布：棉布（方格花纹）10cm×5cm
B布：羊毛布（米褐色）5cm×5cm
C布：羊毛布（淡蓝色）5cm×5cm
D革：里层革（茶色）2cm×2cm
填充棉少许
25号刺绣线（黑色）

制作方法

1

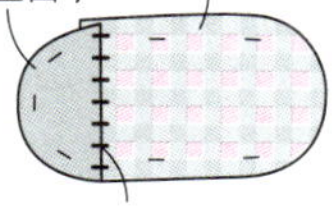

2

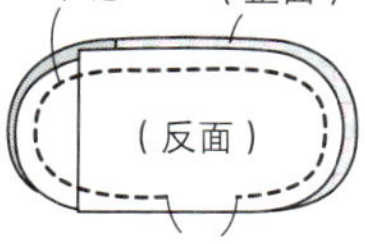

3

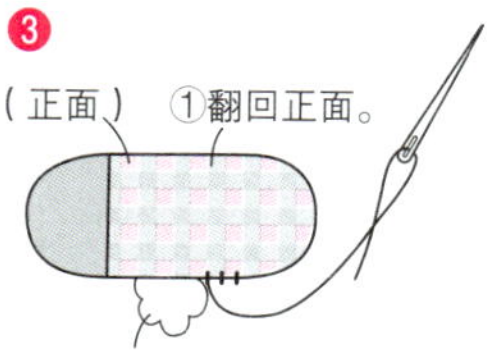

4

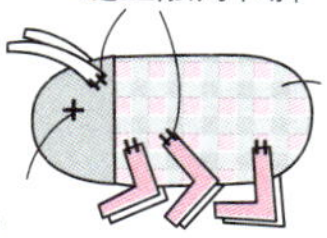

完成

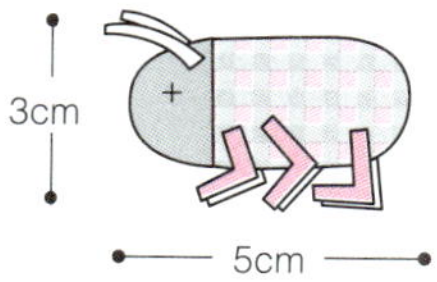

〈实物大纸样〉

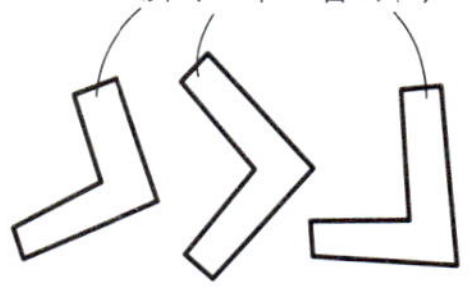

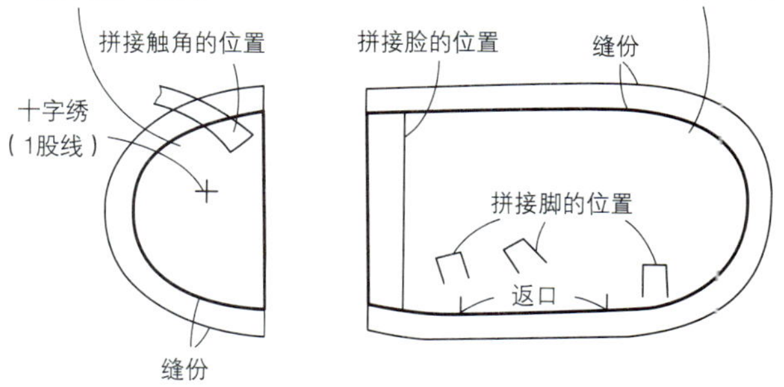

制作方法：作品45、46详见P35，作品47、48详见P38
设计制作：川名晶子

制作方法：作品49详见P38，作品50~52详见P39
设计制作：川名晶子

47

约28cm（2个花样）

作品详见P36

A布：棉布（绿色）20cm×7cm
B布：麻布（白色）20cm×15cm
C布：不织布（粉色）5cm×5cm
25号刺绣线（茶色）

〈实物大纸样〉

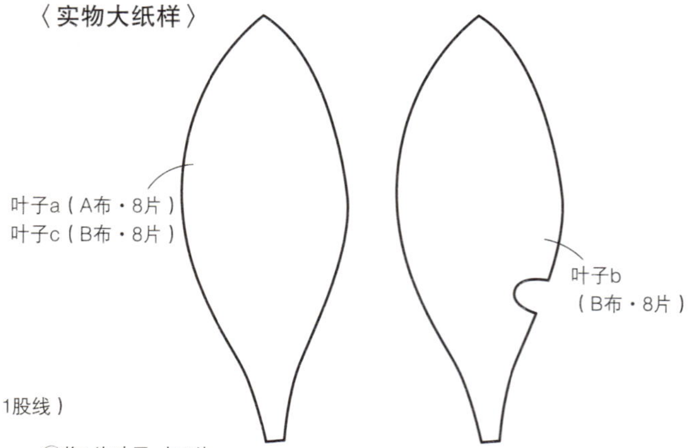

制作方法

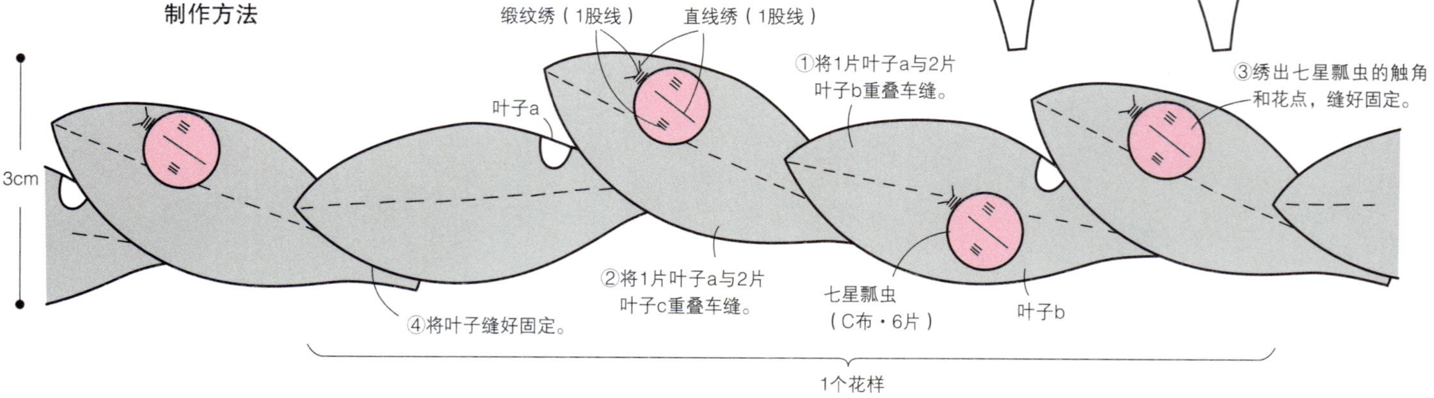

48

约33.5cm（6个花样）

作品详见P36

A布：麻布（黄色）
35cm×5cm
B革：表层革（蓝绿色）10cm×5cm
黏合衬35cm×5cm

〈实物大纸样〉

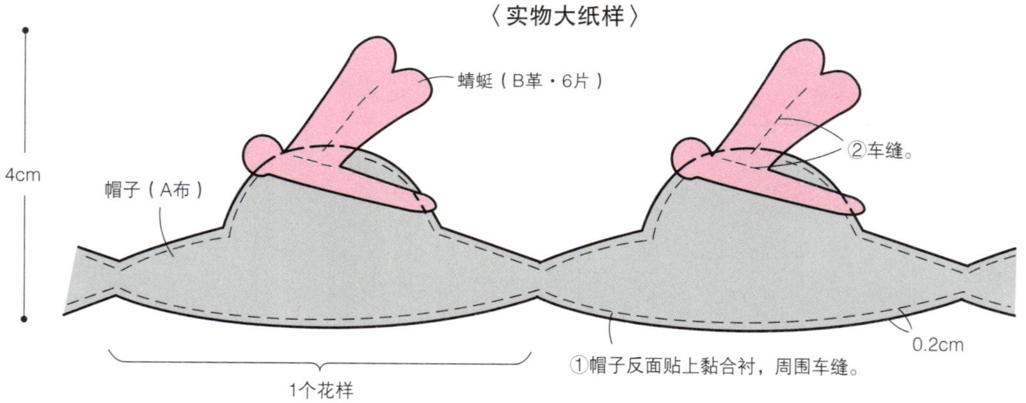

49

尺寸：参照成品图

作品详见P37

重点提示见P33

A布：羊毛布（白色）30cm×1.8cm
B布：羊毛布（淡蓝色）5cm×3cm
25号刺绣线（茶色）

制作方法

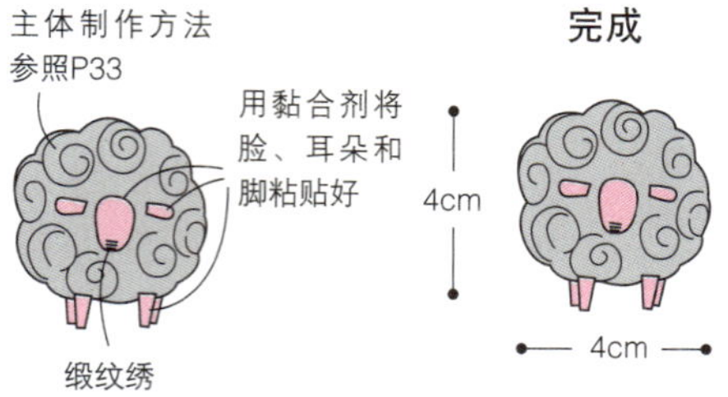

〈实物大纸样〉

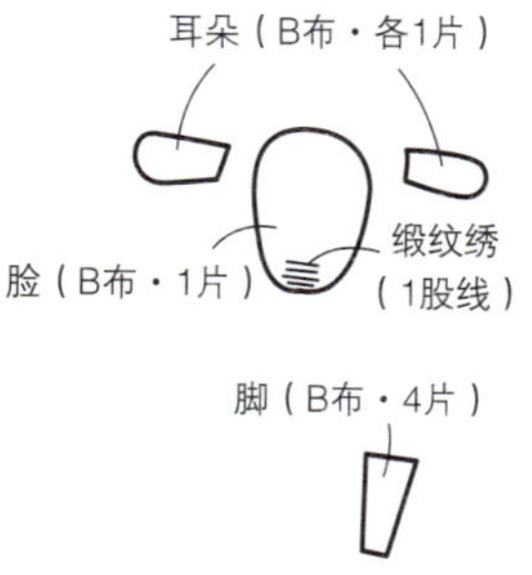

50

尺寸：参照成品图

作品详见P37

A布：羊毛布（米褐色）5cm×7cm
B布：不织布（粉色）5cm×7cm
填充棉少许
极细毛线（茶色）
25号刺绣线（茶色）

制作方法

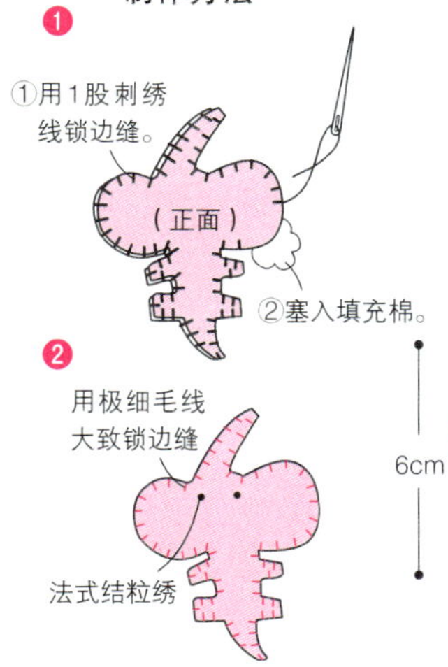

完成

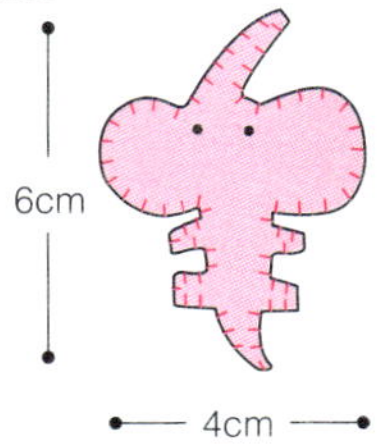

〈实物大纸样〉

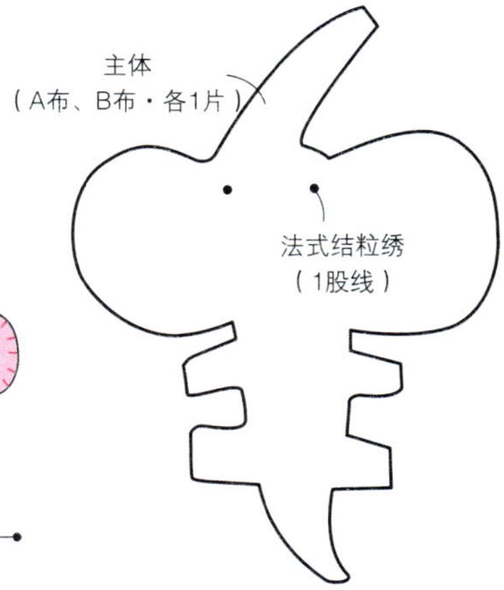

51

约28cm（4个花样）

作品详见P37

A布：不织布（白色）30cm×5cm
B布：不织布（粉色）5cm×2cm
粗纹绸带（宽0.7cm）30cm

〈实物大纸样〉

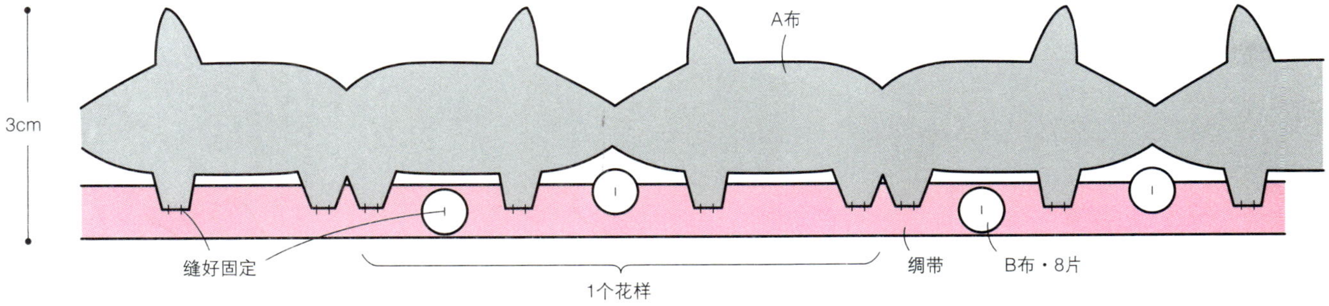

52

约32cm（6个花样）

作品详见P37

A布：棉布（淡蓝色）35cm×6cm
B布：羊毛布（灰白色）15cm×6cm
黏合衬35cm×6cm
褶皱布条（宽0.4cm）35cm

〈实物大纸样〉

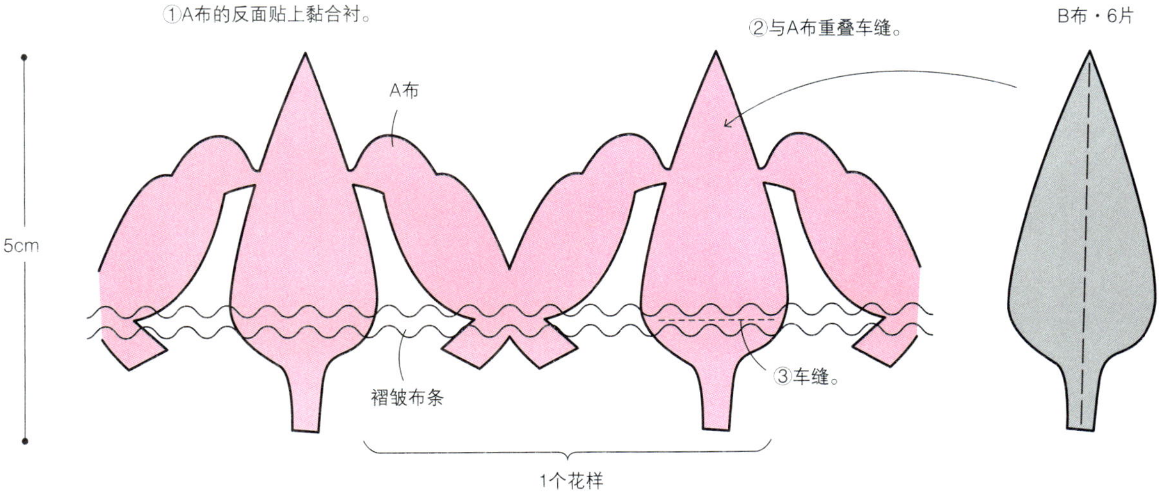

53

54

55

56

制作方法：作品53~55详见P42，作品56详见P43
设计制作：Ohno Shintaro

制作方法：作品57、58详见P43，作品59详见P73，作品60详见P74
设计制作：Ohno Shintaro

53

尺寸：参照成品图

作品详见P40

A布：毛巾布（粉色）10cm×3cm
B布：不织布（淡粉色）15cm×6cm
线（直径0.2cm）36cm

〈制作图〉

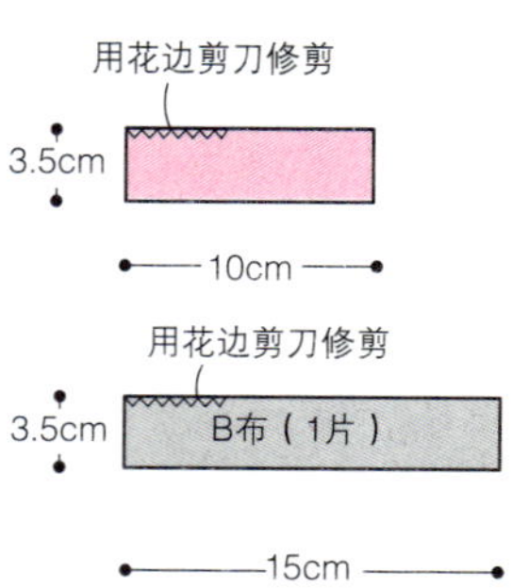

制作方法

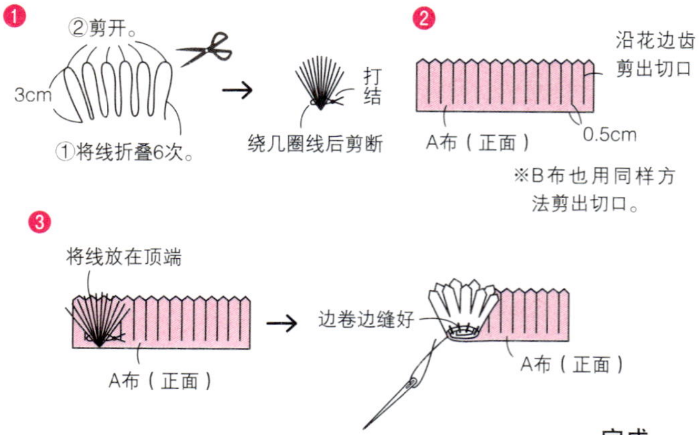

〈实物大纸样〉

完成

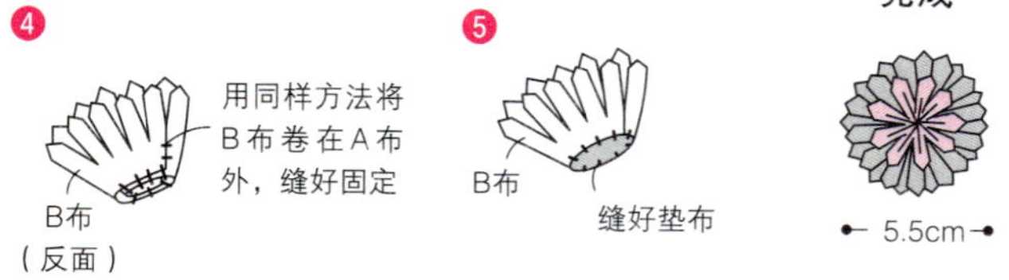

54

尺寸：参照成品图

作品详见P40

A布：棉布（黄色）10cm×6cm
B布：棉布（橙色）10cm×6cm
C布：棉布（圆点花纹）20cm×6cm
D布：不织布（黄色）3cm×3cm
塑料管10根

〈制作图〉

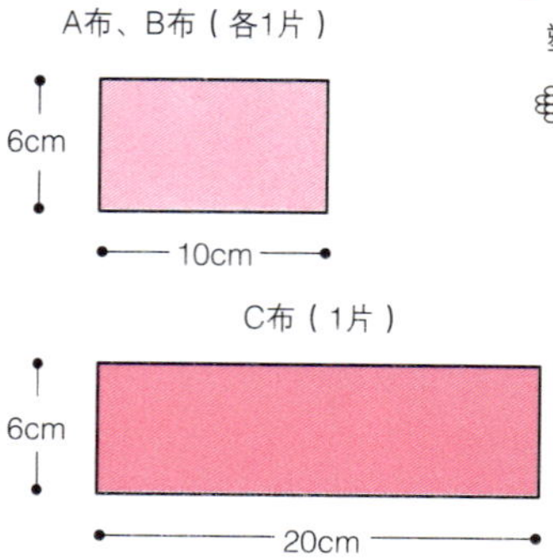

制作方法

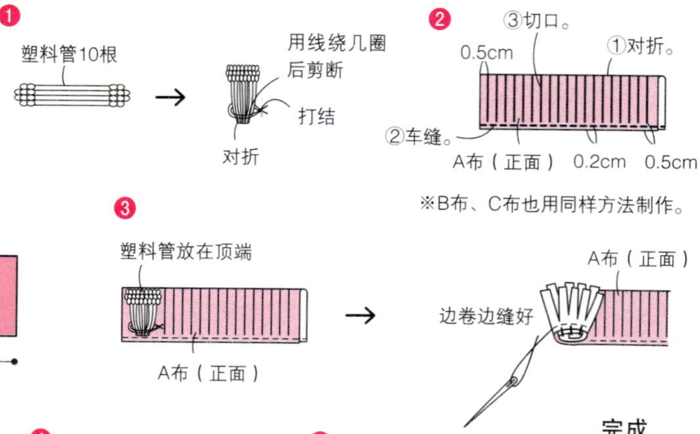

〈实物大纸样〉

完成

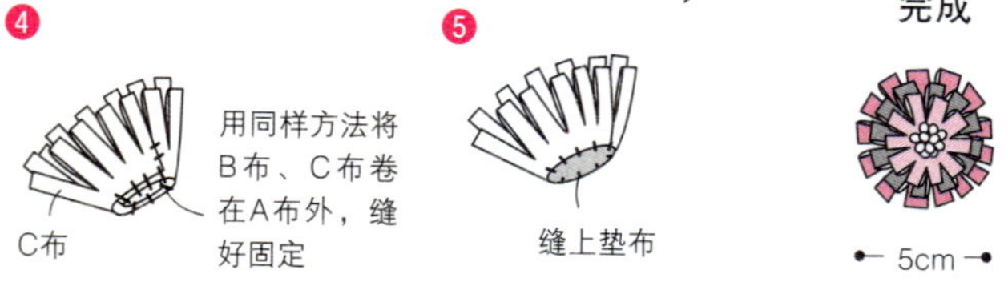

55

约30cm（9.5个花样）

作品详见P40

A布：不织布（粉色）15cm×10cm
B布：不织布（淡粉色）15cm×10cm
麻布条（宽0.9cm）30cm
串珠（直径0.4cm 白色）10颗、（直径0.4cm 银色）9颗

制作方法

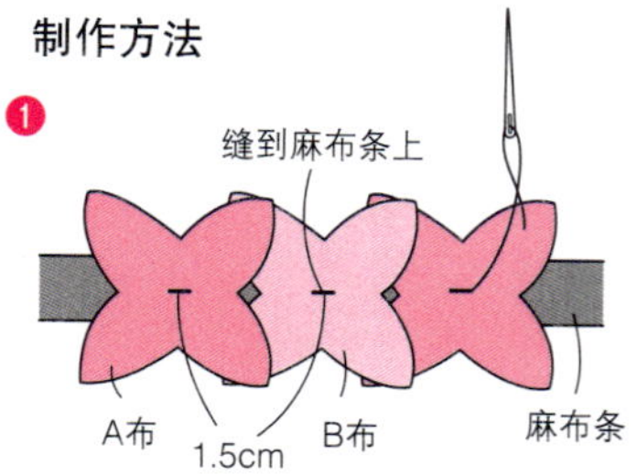

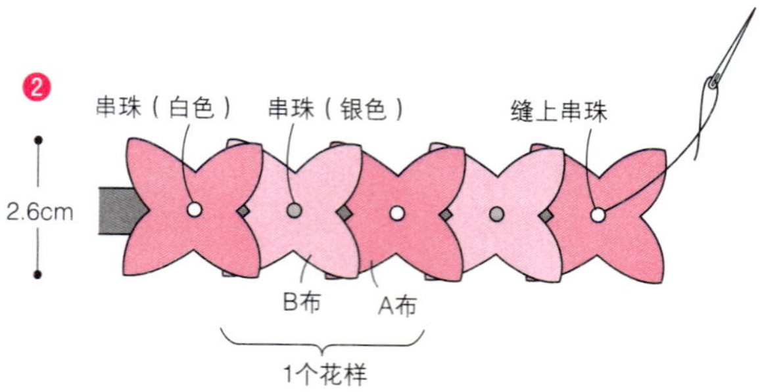

〈实物大纸样〉

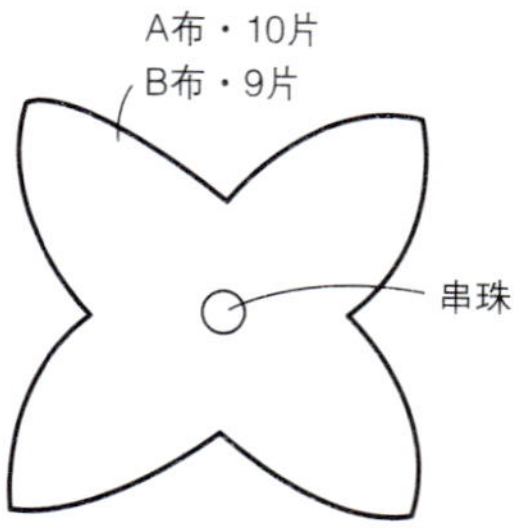

56

约27cm（3个花样）

作品详见P40

A布：棉布（圆点花纹）15cm×10cm
B布：棉布（粉色）15cm×10cm
包边布条（宽1cm 方格花纹）60cm、（宽0.6cm 粉色）60cm
蕾丝（宽1.5cm）30cm、（宽1.2cm）30cm
人造钻石（直径0.6cm 粉色、透明）各3颗

〈制作图〉

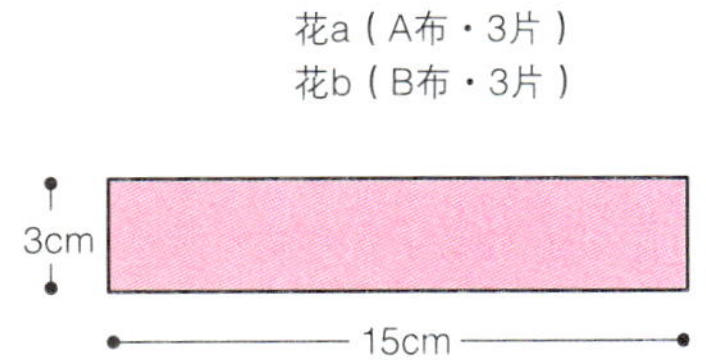

制作方法

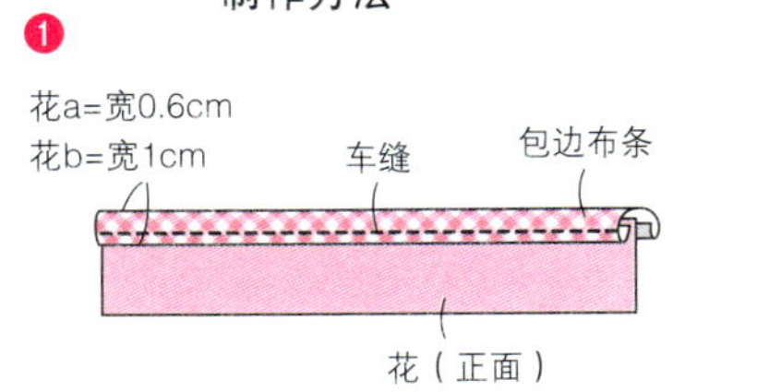

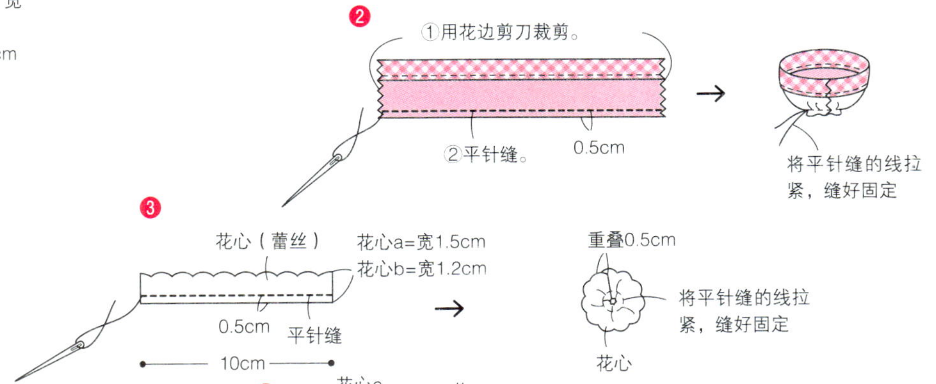

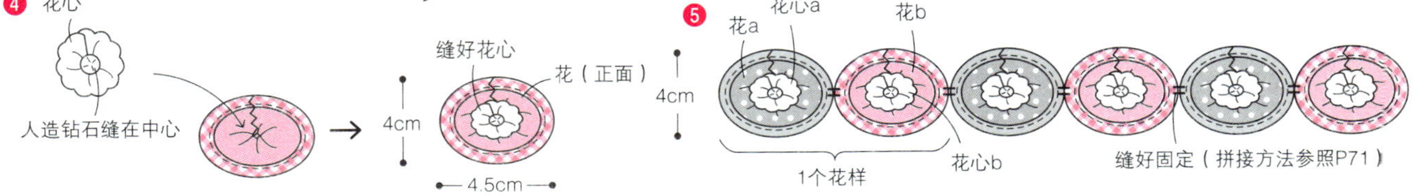

57

尺寸：参照成品图

作品详见P41

重点提示见P33

A布：麻布（方格花纹）20cm×5cm
B布：毛巾布（橙色）5cm×5cm
填充棉少许
竹串珠（3种）、方形串珠、极小串珠各适量
人造钻石（直径0.6cm 黄色）1颗
粗毛线（绿色）

〈制作图〉

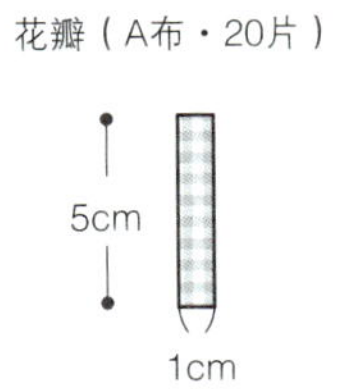

制作方法

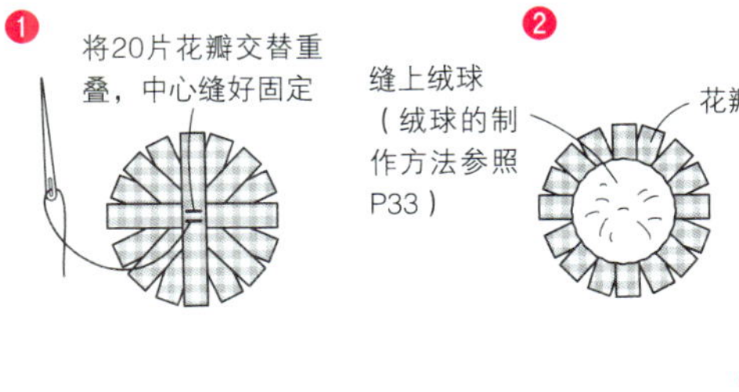

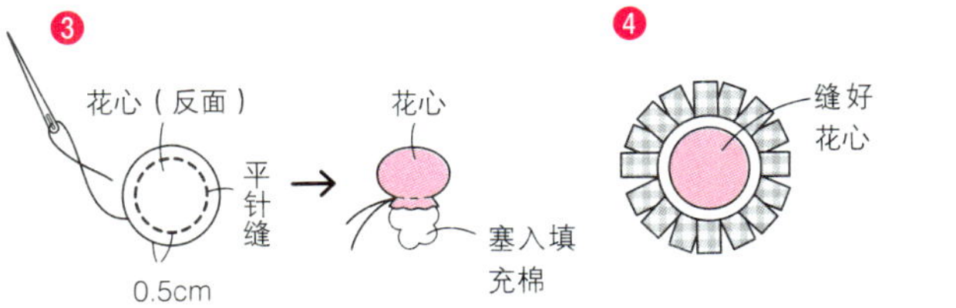

〈实物大纸样〉

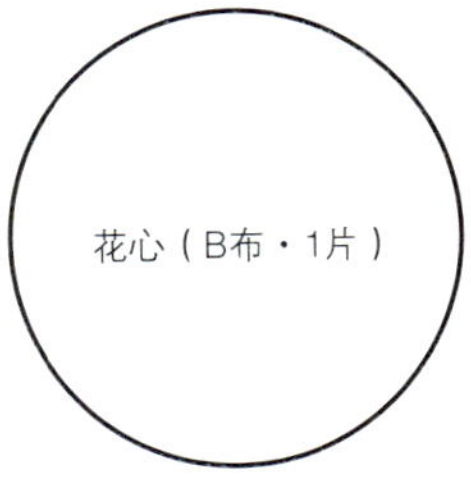

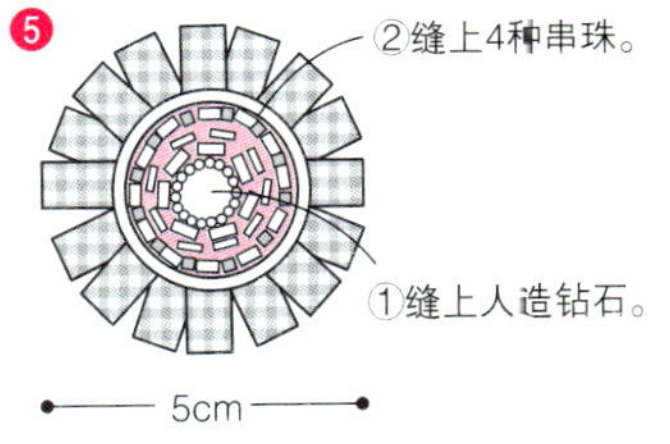

58

尺寸：参照成品图

作品详见P41

重点提示见P33

A布：棉布（方格花纹）20cm×20cm
B布：棉布（绿色圆点花纹）6cm×3cm
C布：不织布（黄绿色）6cm×10cm
D布：棉布（白色圆点花纹）6cm×3cm
黏合衬6cm×10cm
珍珠串珠（直径1cm）1颗
串珠（直径0.3cm 银色）11颗

制作方法

※花和叶子的制作方法参照P33。

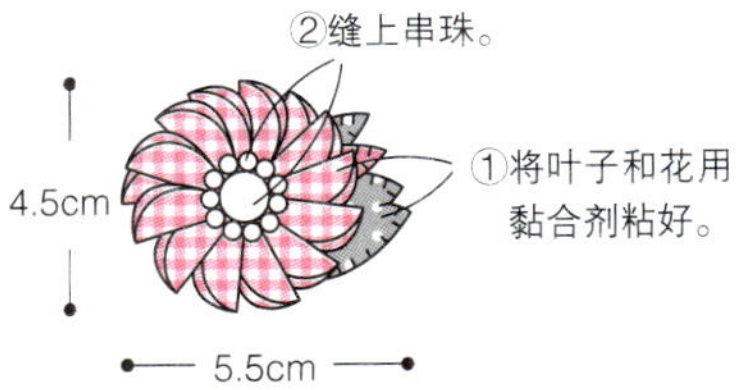

〈实物大纸样〉

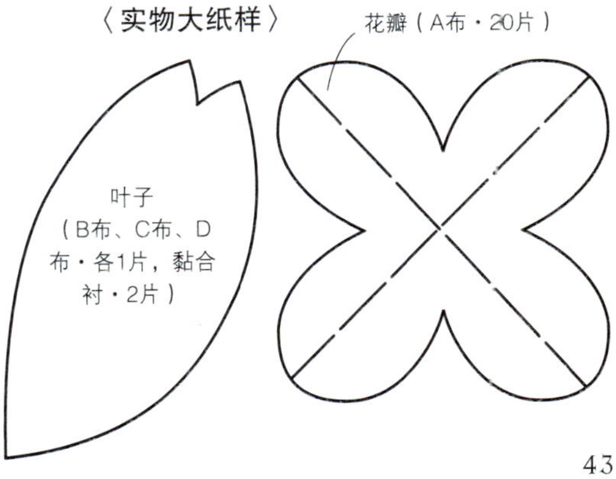

61

62

63

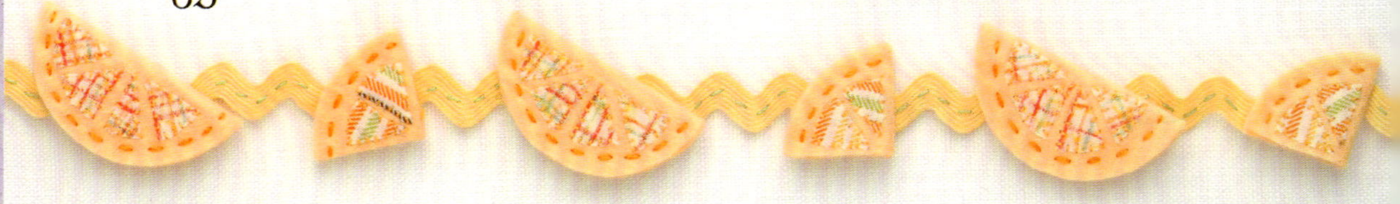

64

制作方法：作品61、62详见P46，作品63、64详见P47
设计制作：指吸快子

65

66

67

68

制作方法：作品65、68详见P74，作品66详见P47，作品67详见P46
设计制作：指吸快子

61

尺寸：参照成品图

作品详见P44

A布：棉布（粉色碎花）6cm × 8cm
B布：棉布（圆点花纹）10cm × 5cm
C布：棉布（白底花纹）10cm × 7cm
D布：不织布（绿色）4cm × 4cm
纽扣（直径0.9cm）1颗
填充棉少许

〈实物大纸样〉

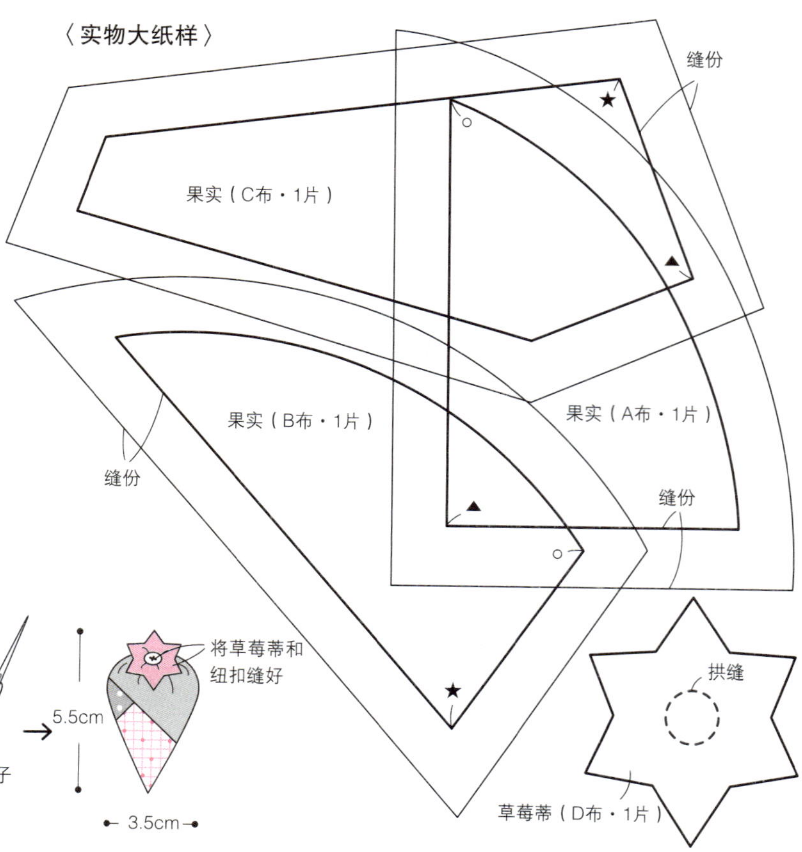

制作方法

❶

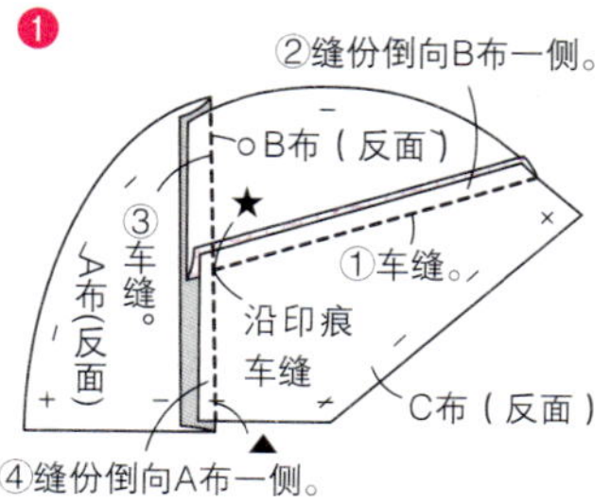

❷

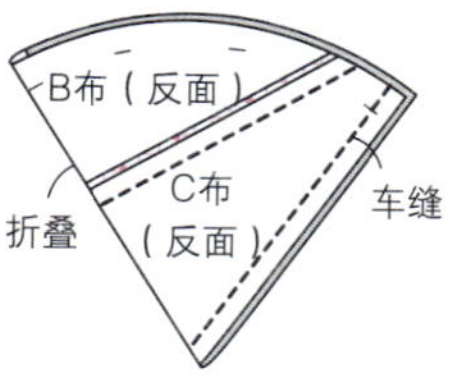

❸

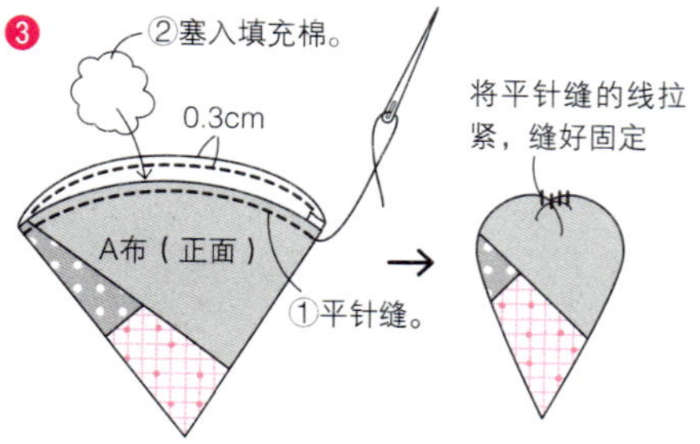

❹

62

尺寸：参照成品图

作品详见P44

重点提示见P33

A布：棉布（紫色花纹）10cm × 5cm
B布：棉布（白色花纹）10cm × 5cm
C布：棉布（方格花纹）10cm × 5cm
D布：不织布（灰色）10cm × 5cm
E布：不织布（茶色）3cm × 2cm
金属丝（细）4cm
填充棉少许

❸

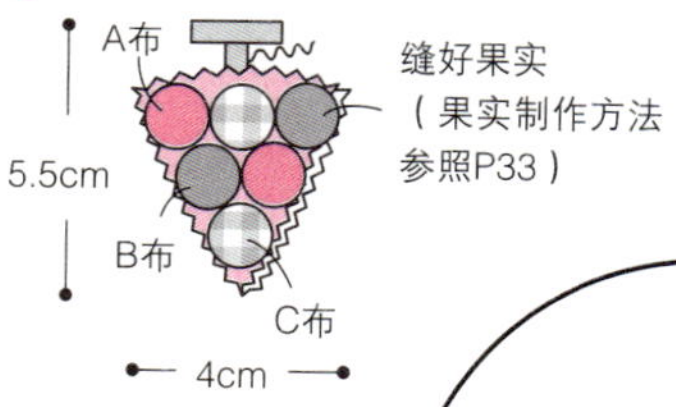

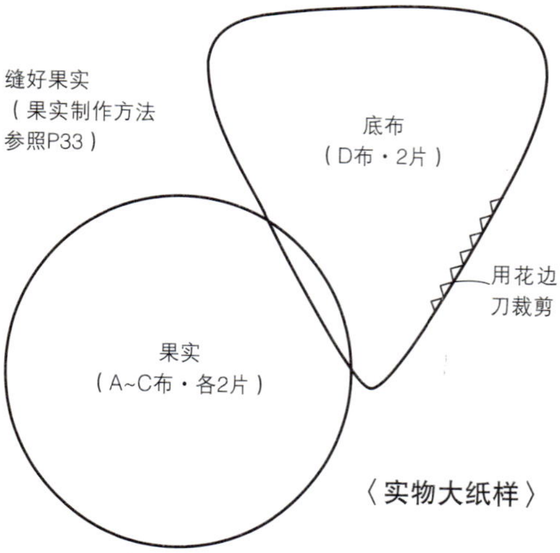

〈实物大纸样〉

制作方法

❶

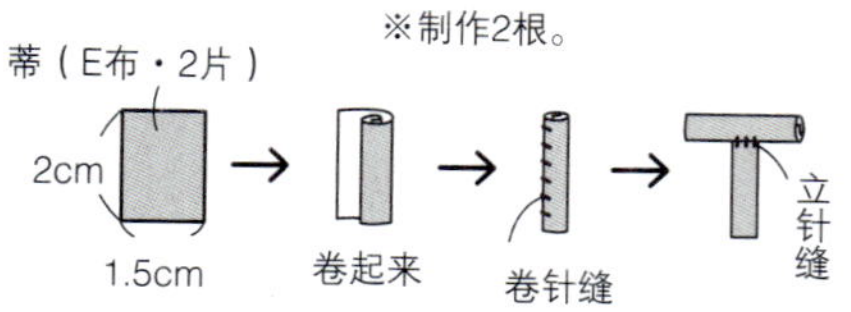

❷

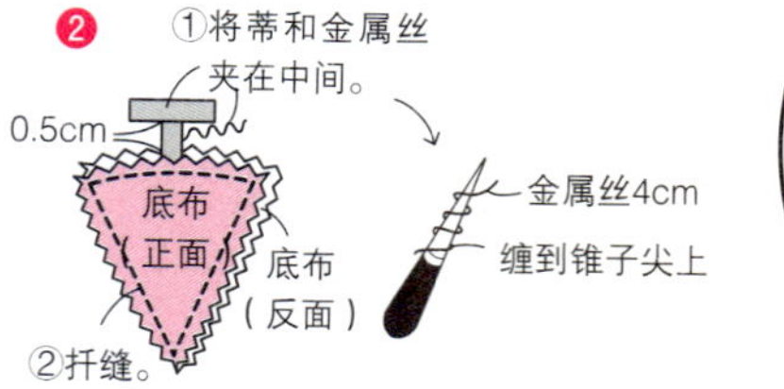

67

约33cm（3个花样）

作品详见P45

A布：棉布（条纹）4.5cm × 13.5cm
B布：棉布（圆点花纹）4.5cm × 13.5cm
绳子（粗0.1cm）40cm
填充棉少许

〈制作图〉

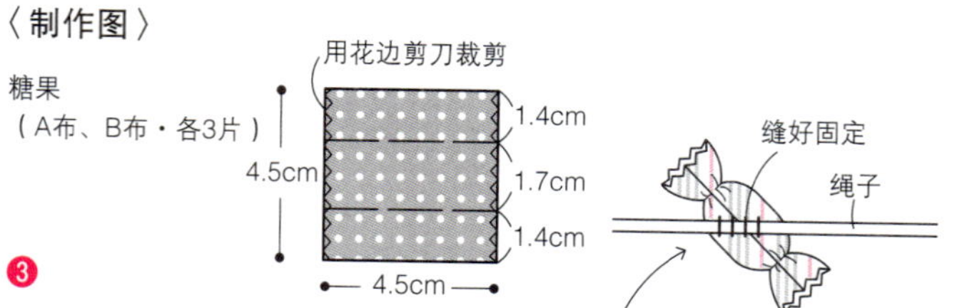

制作方法

❶

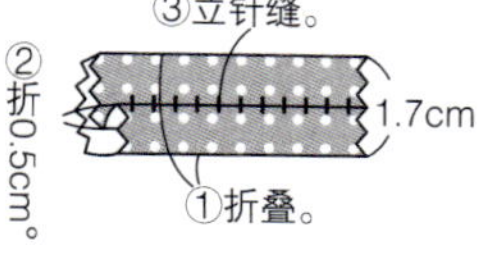

❷

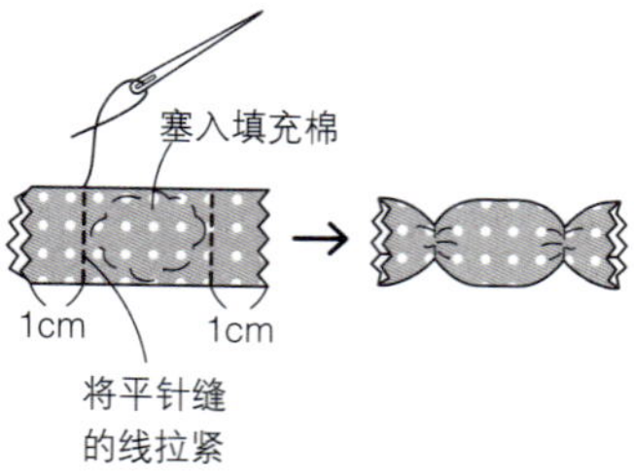

❸

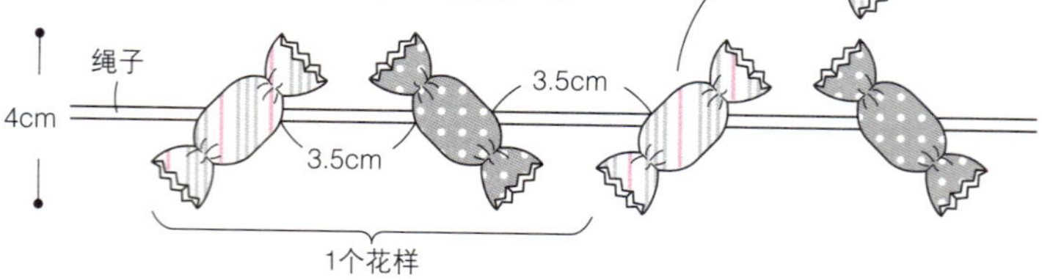

63

约32cm（4个花样）

作品详见P44

A布：不织布（橙色）15cm×15cm
B布：棉布（格子花纹）10cm×5cm
双面黏合衬10cm×5cm
褶皱布条（宽1cm）40cm
25号刺绣线（绿色、橙色）

制作方法

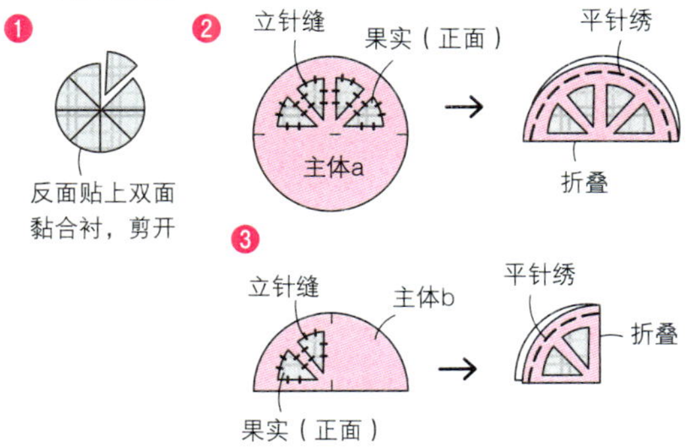

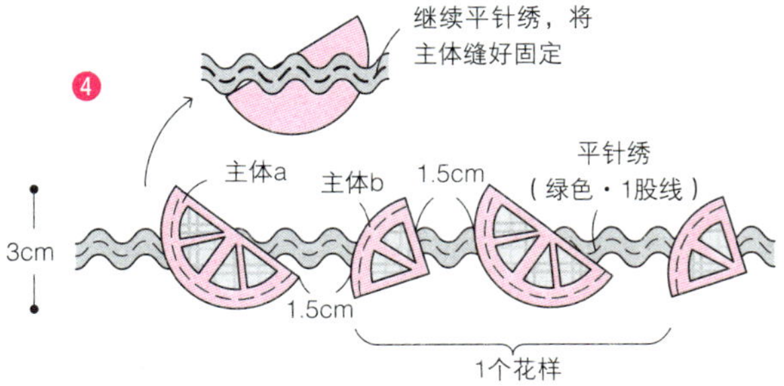

〈实物大纸样〉

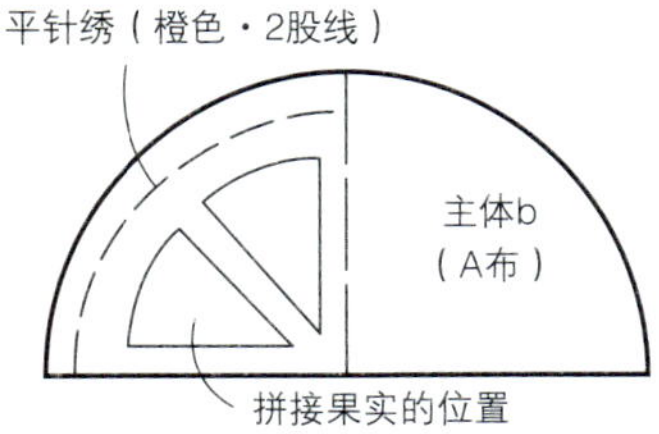

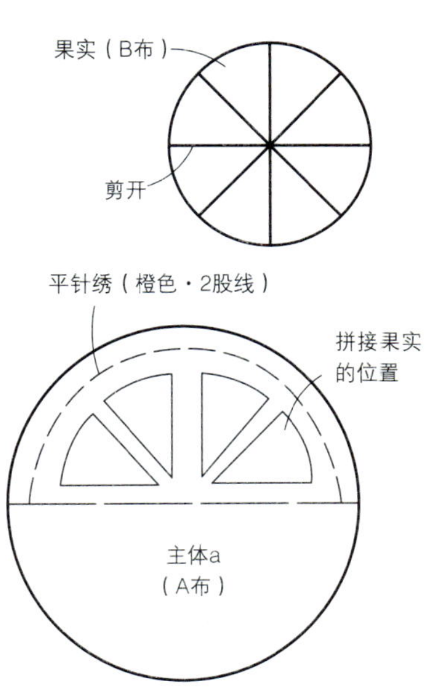

64

约28cm（2个花样）

作品详见P44

A布：棉布（条纹）10cm×10cm
B布：棉布（星星花纹）10cm×10cm
C布：棉布（方格花纹）10cm×10cm
D布：棉布（绿色花纹）15cm×2.5cm
绳子（粗0.1cm）55cm
布条（宽1.2cm）30cm
填充棉少许

〈制作图〉

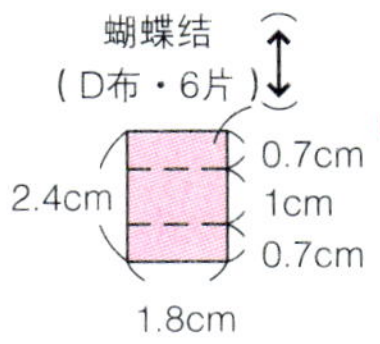

制作方法

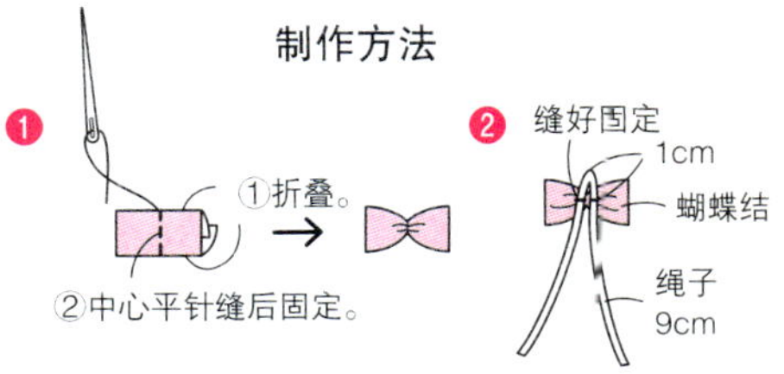

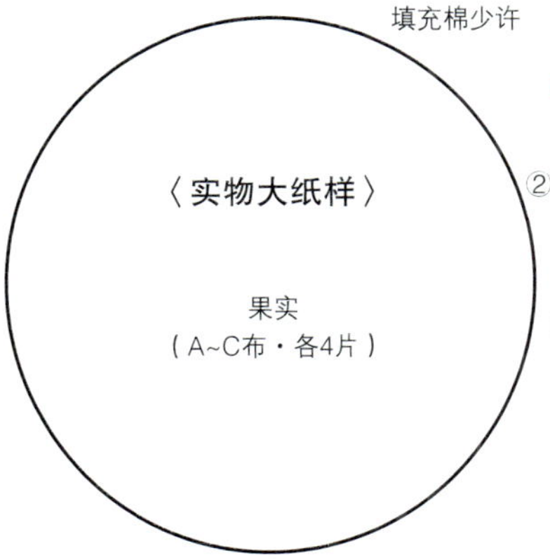

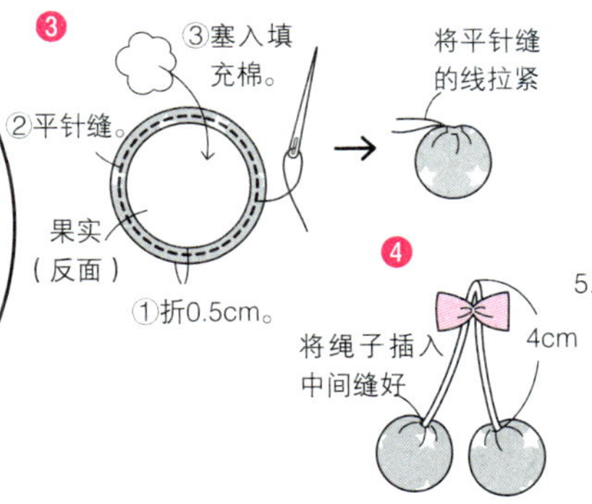

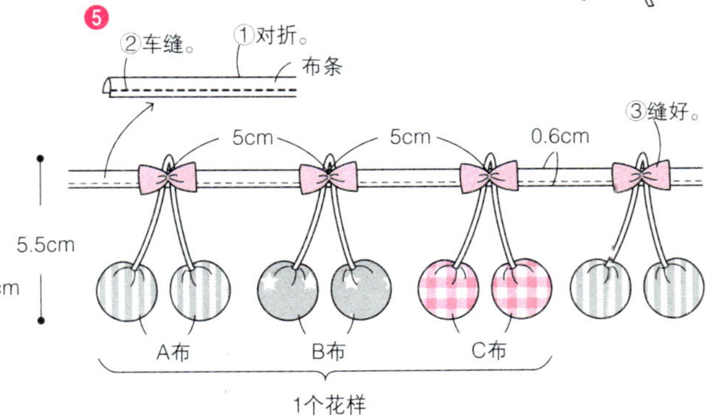

66

尺寸：参照成品图

作品详见P45

A布：棉布（方格花纹）
7cm×7cm
B布：棉布（圆点花纹）
6cm×6cm
C布：灯芯绒（淡黄色）
7cm×7cm
D布：不织布（粉色）
2cm×2cm
填充棉少许
25号刺绣线（茶色）

制作方法

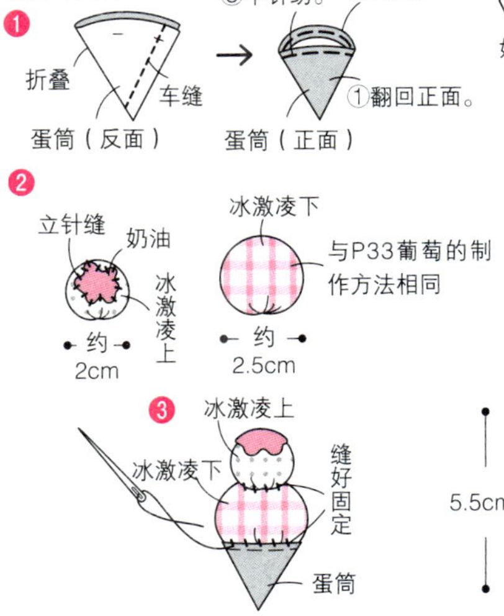

完成

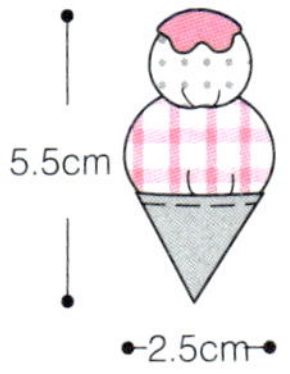

〈实物大纸样〉

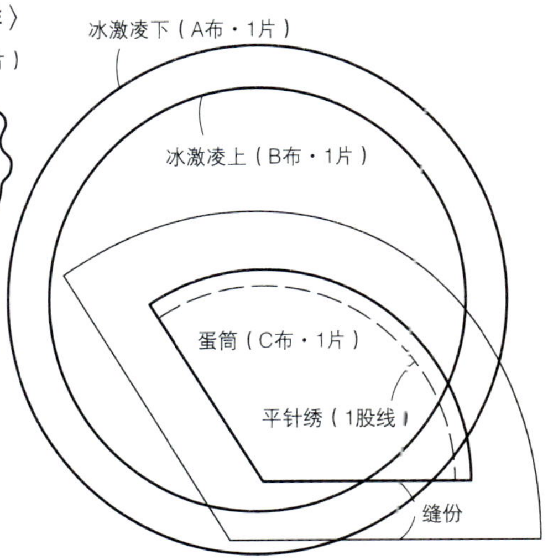

PART IV

艳丽的色彩装点身边的细节

——彩色系布艺小物

颜色鲜艳、活力缤纷的作品。

介绍几种设计相同、色调差别较大的作品，感受色彩变化带来的乐趣吧。

69是带金属丝的留言夹，70是纸巾的装饰带，71是餐垫上的饰物。

制作方法：详见P50
设计制作：指吸快子

重点提示 70 作品详见P48

青虫的制作方法

I 将金属丝穿过细针，并将4个圆球穿在一起。

2 金属丝顶端扭转到一起，留1cm后剪断。

3 将金属丝夹在两片不织布制作的心形中间，然后平针缝。

重点提示 74 作品详见P52

六边形的制作方法

I 将布放在厚纸（明信片之类的厚度）上，折出缝份后假缝。

2 用细针脚将六边形连接起来。

3 从正面看如图。全部缝好后，将假缝线拆开，取出厚纸。

4 再将六边形放在不织布上平针缝，缝完后将周围多余的部分剪掉。

重点提示 76 作品详见P53

Yoyo花的制作方法

I 周围折0.5cm，在折叠过的地方平针缝。

2 将平针缝的线拉紧，缝好固定。

3 Yoyo花完成。

重点提示 80a、b 作品详见P56、P57

草莓蒂的制作方法

I 用2股刺绣线缝到草莓顶部中心，穿过萼片，然后将线对折1.5次，一共6股线，留出3cm。

2 用黏合剂将刺绣线粘好，捻成1股。

3 待黏合剂干燥后将线头剪齐。

重点提示 84a、b 作品详见P60、P61

花瓣的制作方法

I 将直径0.3cm的吸管插入返口中，用牙签将布向吸管中塞，翻回正面。

2 布料翻好后如图所示。

69

尺寸：参照成品图

作品详见P48

A布：厚不织布（红色）12cm×12cm
B~D布：棉布（花纹）各5cm×5cm
E布：棉布（圆点花纹）5cm×3cm
F布：不织布（茶色）1.5cm×2cm
双面黏合衬15cm×5cm
25号刺绣线（红色、绿色）

〈实物大纸样〉

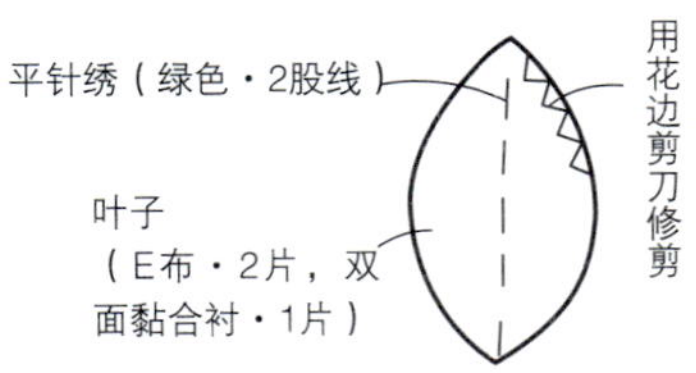

制作方法

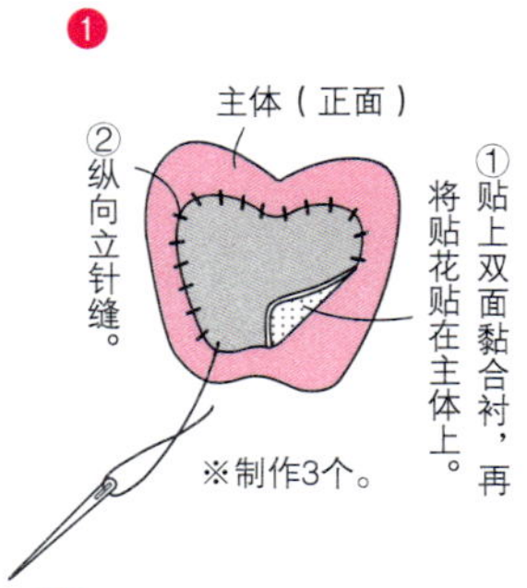

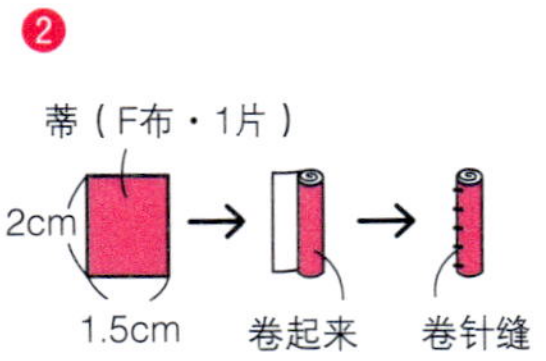

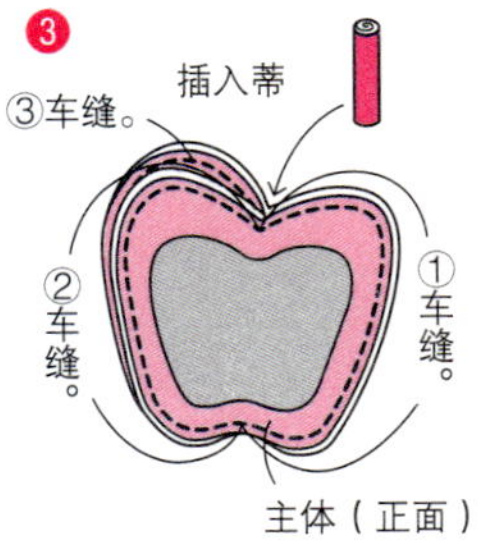

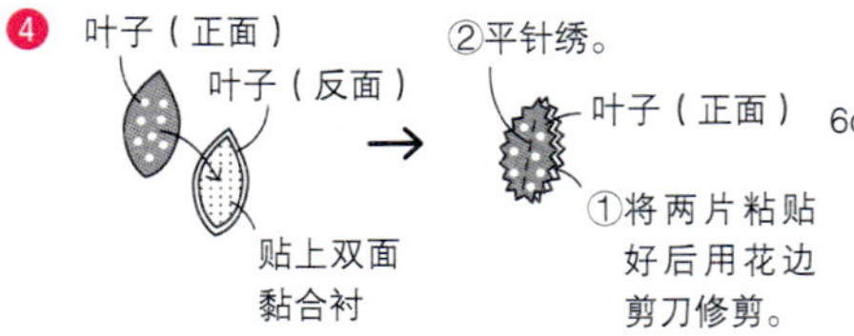

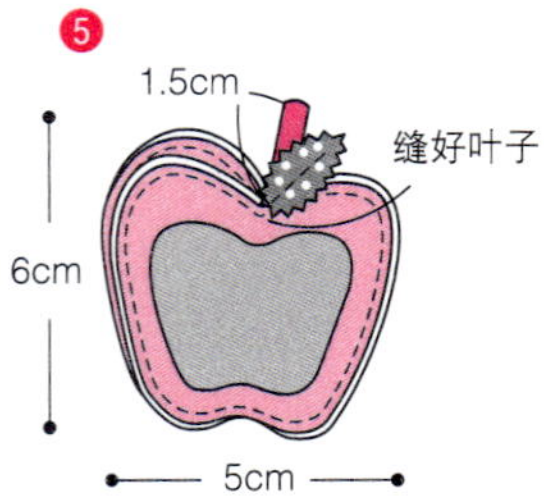

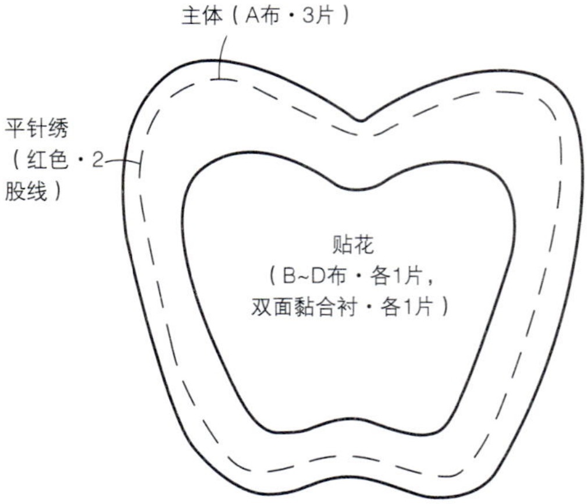

70

尺寸：参照成品图

作品详见P48

重点提示见P49

A布：棉布（黄色）5cm×5cm
B布：棉布（圆点花纹）5cm×5cm
C布：棉布（方格花纹）5cm×5cm
D布：针织棉（条纹）5cm×5cm
E布：不织布（白色）4cm×2cm

泡沫球（直径1.5cm）4个
金属丝（细）30cm
毛线（绿色）5cm
25号刺绣线（灰色、绿色）

〈实物大纸样〉

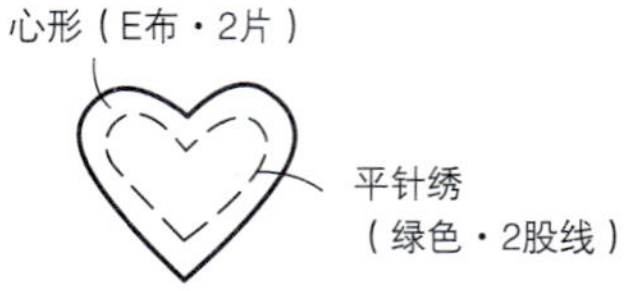

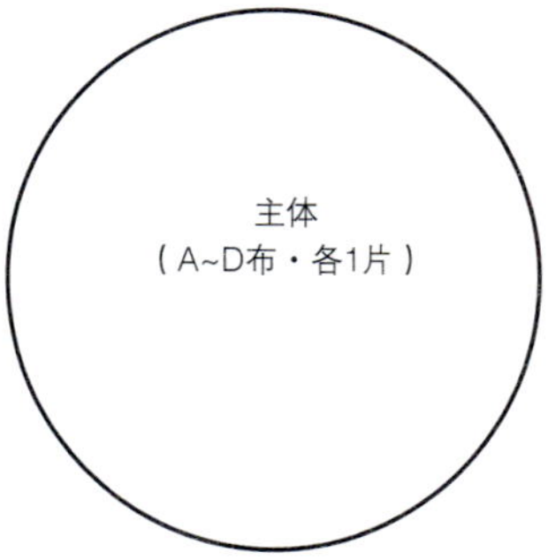

制作方法

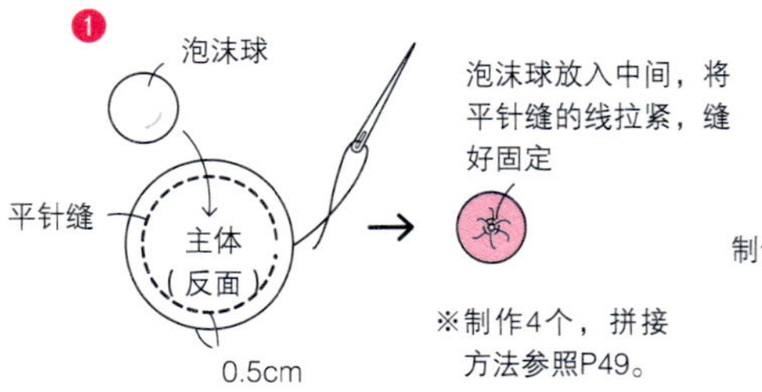

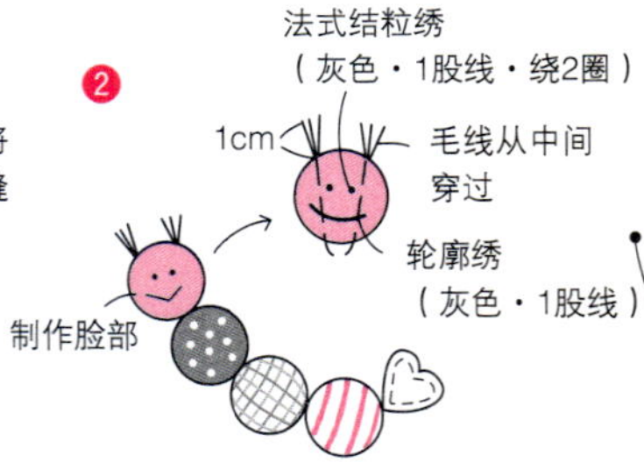

完成

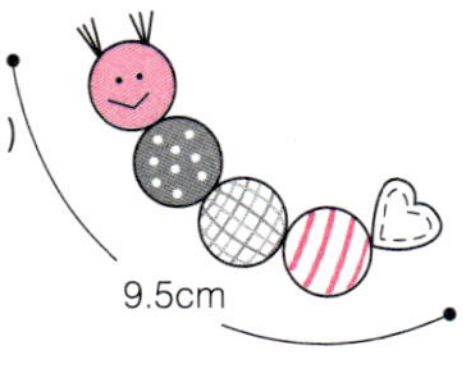

71

约31cm（4个花样）

作品详见P48

A布：不织布（绿色）10cm×10cm
B~E布：棉布（花纹）各6cm×4cm
褶皱布条（宽0.3cm）35cm
25号刺绣线（绿色）

〈实物大纸样〉

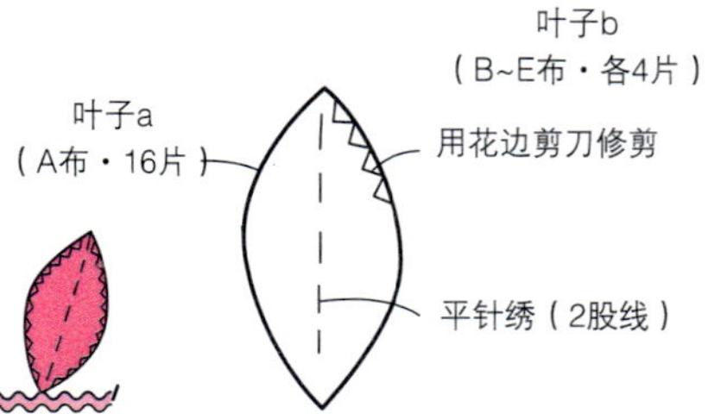

制作方法

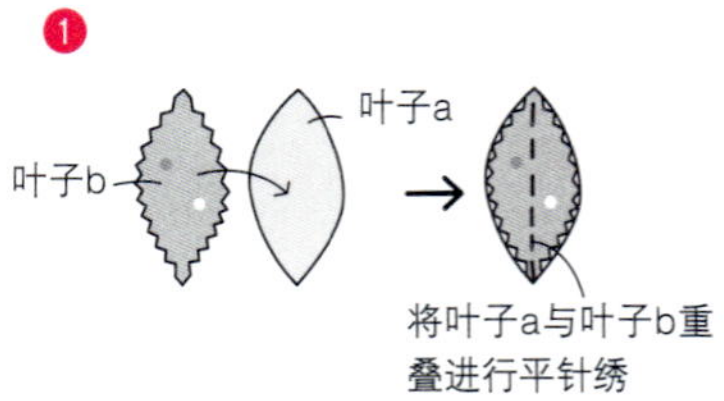

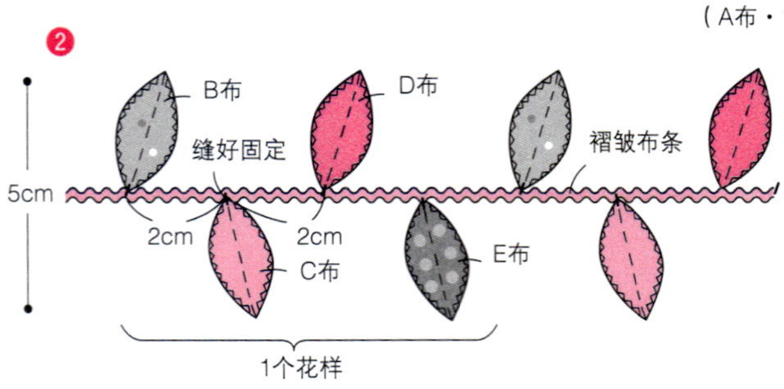

72

尺寸：参照成品图

作品详见P52

A布：羊毛布（粉色格子）18cm×8cm
B布：棉布（心形图案）适量
填充棉4g

制作方法

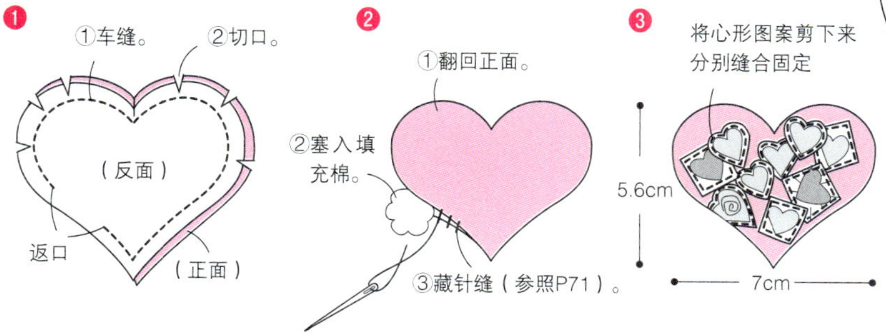

〈实物大纸样〉

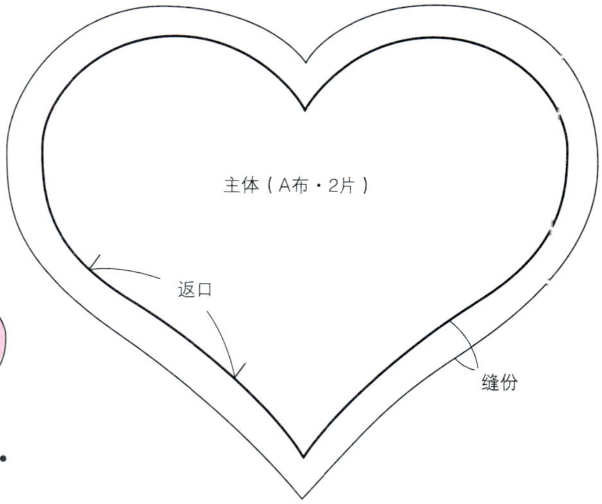

73

尺寸：参照成品图

作品详见P52

A布：棉布（黑色格子）15cm×5cm
B布：棉布（小车图案）5cm×3cm
C布：不织布（灰色）3cm×3cm
D布：棉布（数字图案）3cm×3cm
双面黏合衬8cm×3cm
填充棉少许
25号刺绣线（黑色）

制作方法

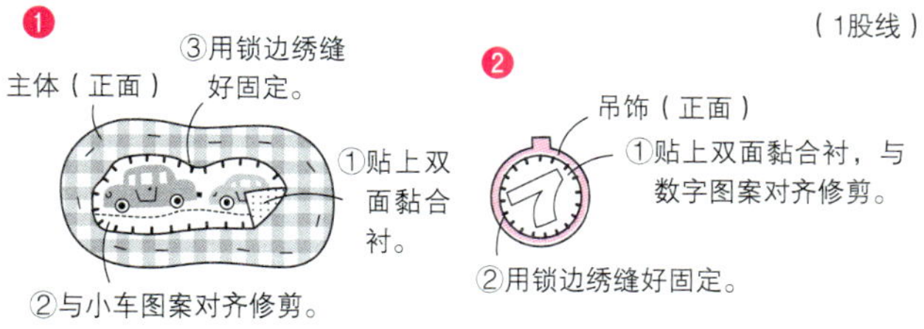

〈实物大纸样〉

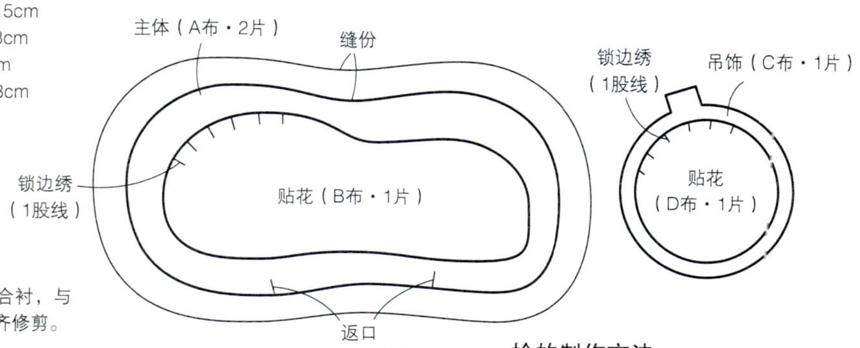

栓的制作方法

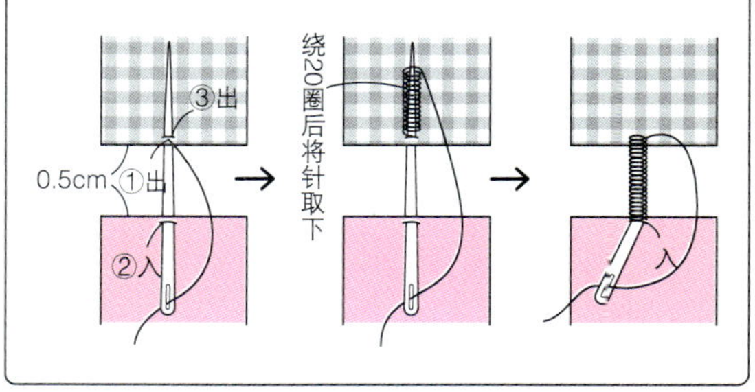

74

约33.5cm（5个花样）

作品详见P52

重点提示见P49

A布：棉布（黄色花纹）20cm×4cm
B布：棉布（方格花纹）20cm×4cm
C布：棉布（黄色）20cm×4cm
D布：不织布（黄色）35cm×4cm
E布：棉布（蜜蜂图案）适量
F布：棉布（淡黄色）适量
双面黏合衬适量
厚纸15cm×10cm
25号刺绣线（茶色、灰色）

〈实物大纸样〉

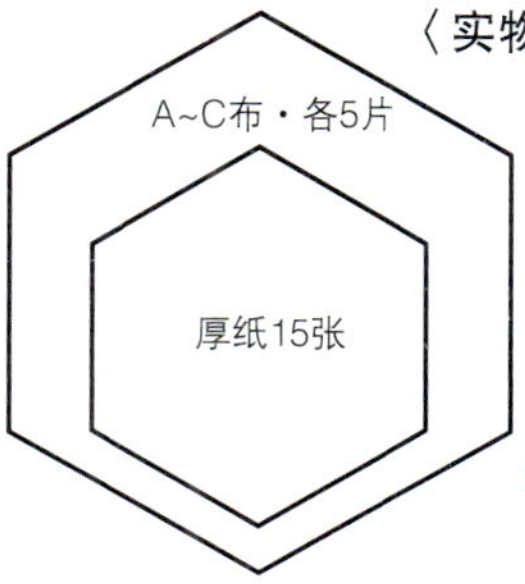

制作方法

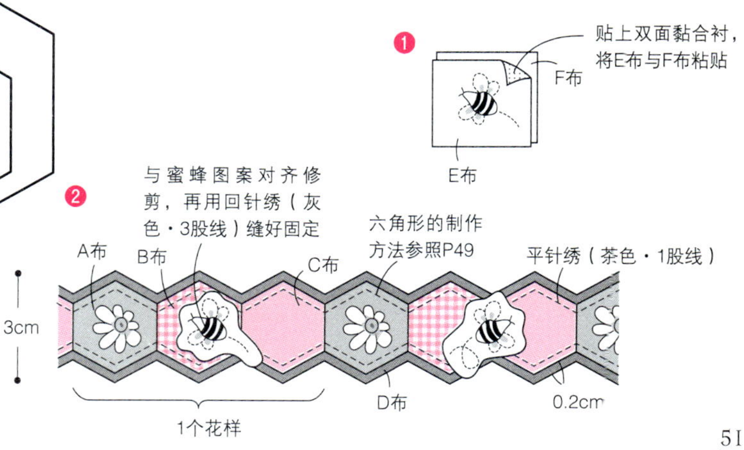

72

73

74

75

制作方法：作品72~74详见P51，作品75详见P54
设计制作：指吸快子

76

77

78

79

制作方法：作品76、78、79详见P55，作品77详见P54
设计制作：指吸快子

75

约28cm（2个花样）

作品详见P52

A布：厚不织布（白色）30cm×6cm
B布：棉布（蒂罗尔图案）适量
双面黏合衬适量
25号刺绣线（红色）

制作方法

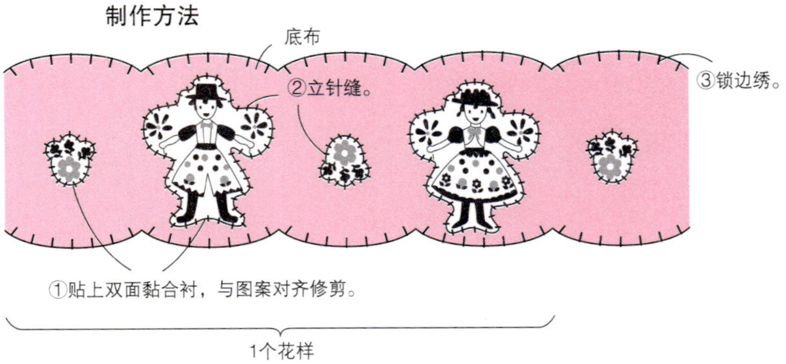

〈实物大纸样〉

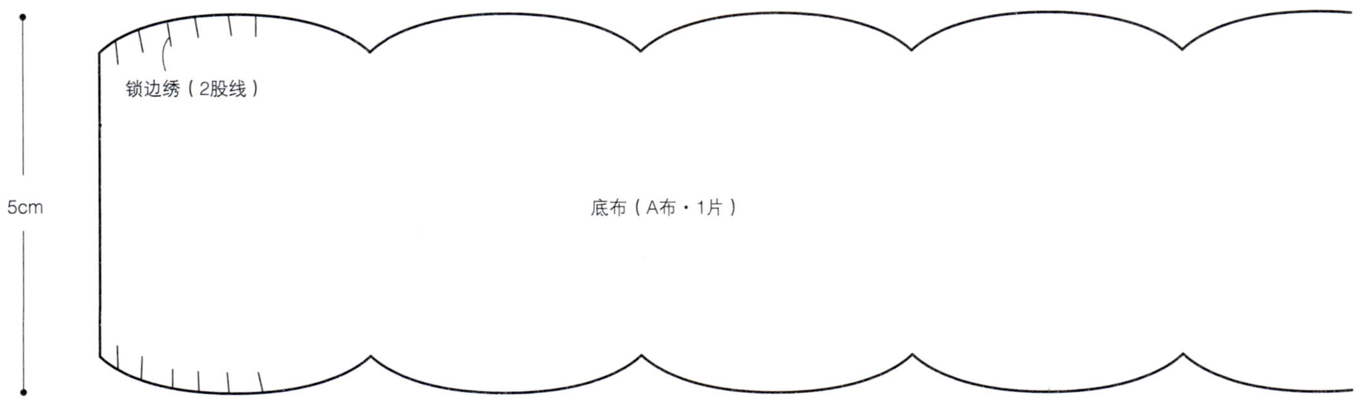

77

尺寸：参照成品图

作品详见P53

A布：羊毛布（绿色格子）7cm×7cm
B布：羊毛布（绿色）7cm×7cm
棉线（粗0.5cm）10cm
25号刺绣线（黄色）

制作方法

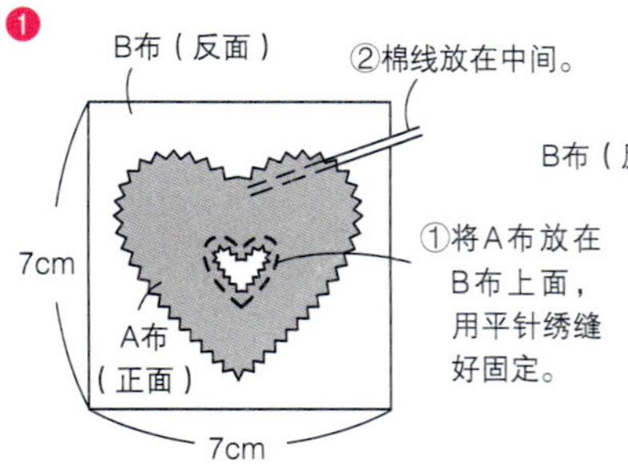

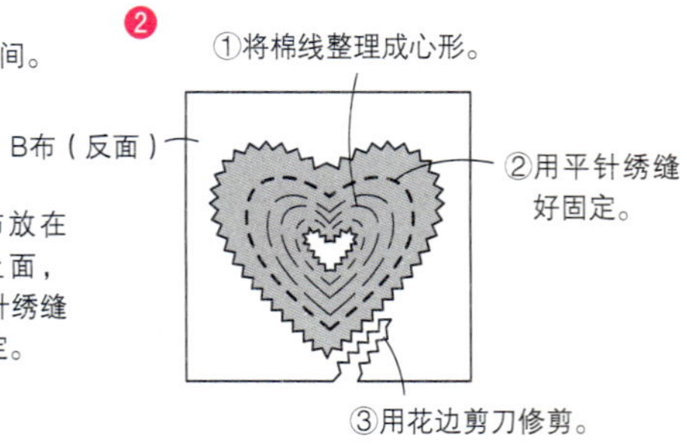

完成

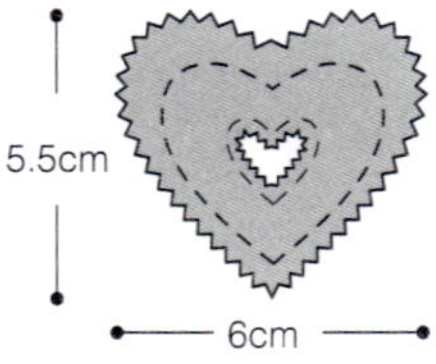

〈实物大纸样〉

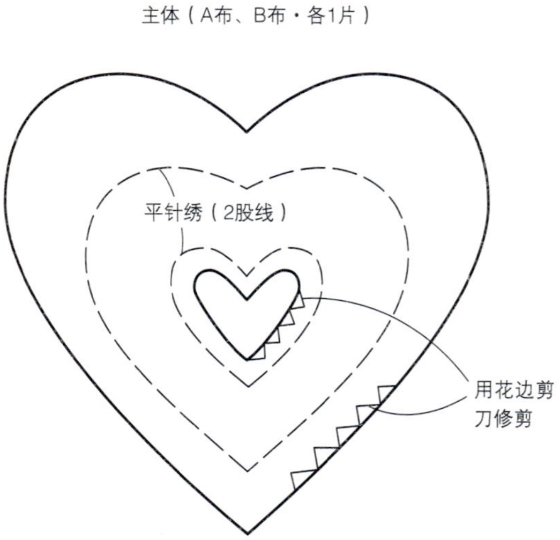

76

尺寸：参照成品图

作品详见P53

重点提示见P49

A布：棉布（条纹）7cm×7cm
B布：棉布（方格花纹）7cm×7cm
C布：棉布（圆点花纹）7cm×7cm
玻璃纱丝带（宽2.5cm）15cm
丝带（宽0.5cm 圆点花纹、粉色花纹）各20cm
绒球（直径1cm）3个

〈实物大纸样〉

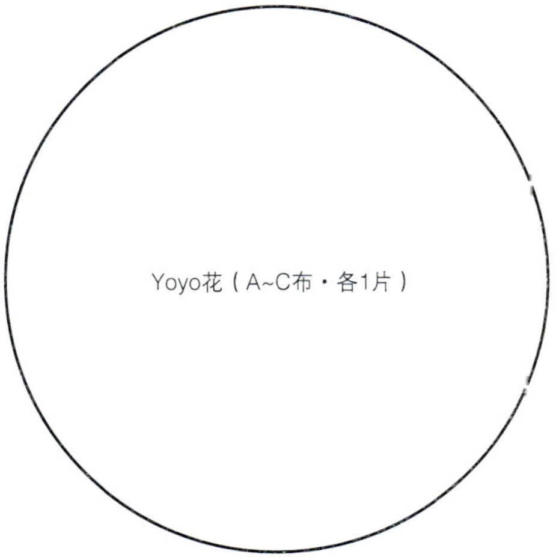

制作方法

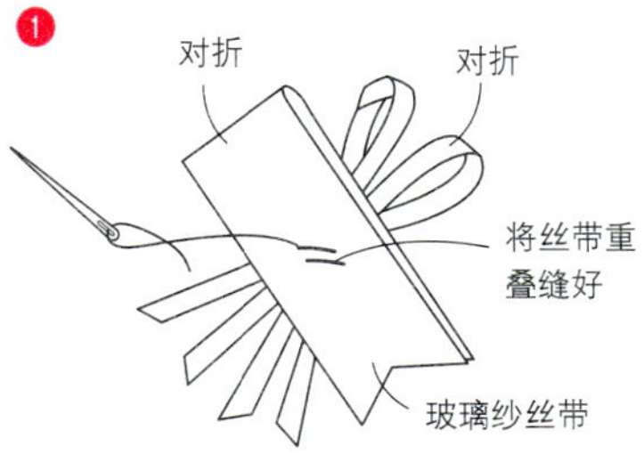

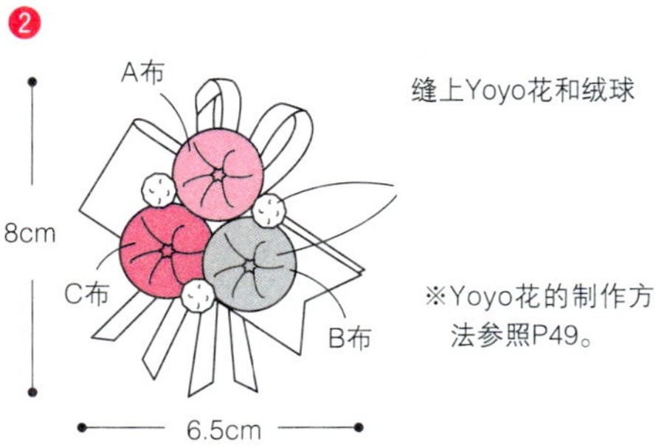

78

约29cm（12个花样）

作品详见P53

布：8种棉布各10cm×5cm
塑料包扣（直径1.5cm）24颗
丝带（宽0.5cm）30cm
25号刺绣线（黄色）

〈实物大纸样〉

制作方法

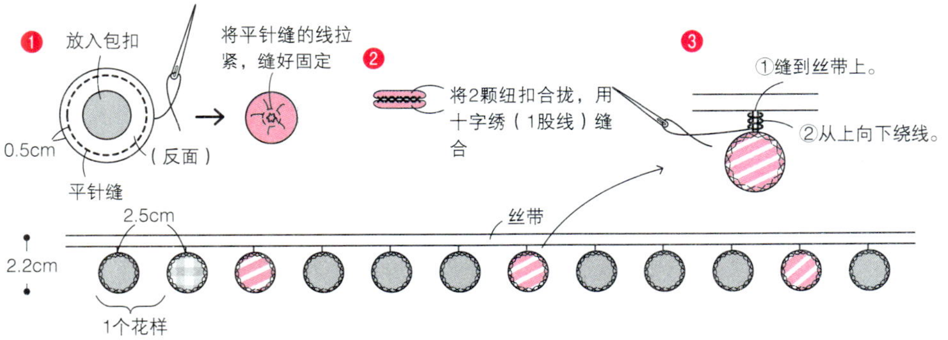

79

约32.5cm（4个花样）

作品详见P53

A布：厚不织布（白色）15cm×15cm
B布：厚不织布（红色）15cm×15cm
25号刺绣线（粉色）

制作方法

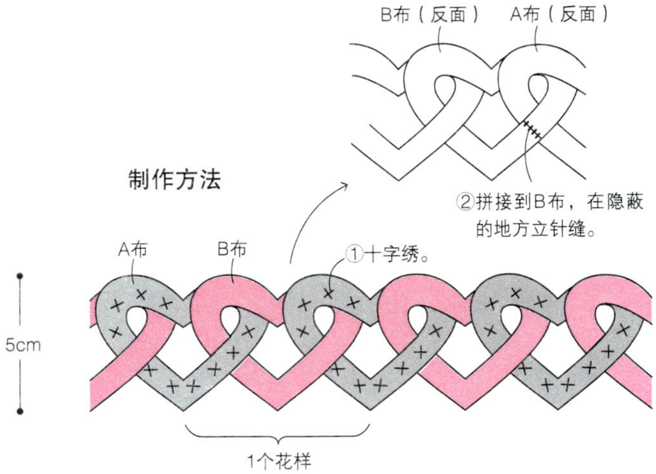

〈实物大纸样〉

主体（A布、B布・各4片）

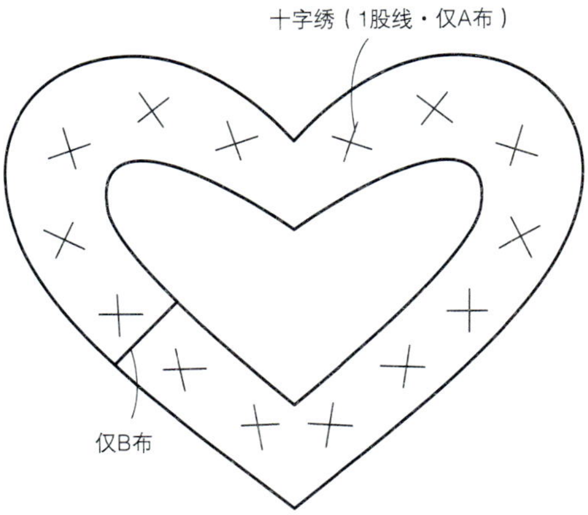

80a

81a

82a

83a

制作方法：作品80a、81a详见P58，作品82a、83a详见P59
设计制作：小关铃子

制作方法：作品80b、81b详见P58，作品82b、83b详见P59
设计制作：小关铃子

80a·b

尺寸：参照成品图

作品详见P56、57

重点提示见P49

●a

A布：棉布（红色）10cm×7cm

B布：棉布（绿色圆点花纹）10cm×5cm

C布：不织布（白色）3cm×3cm

填充棉4g

25号刺绣线（黄色、黄绿色、淡黄色）

●b

A布：棉布（黑色圆点花纹）10cm×7cm

B布：不织布（白色）5cm×5cm

C布：不织布（黑色）3cm×3cm

填充棉4g

25号刺绣线（白色）

〈实物大纸样〉

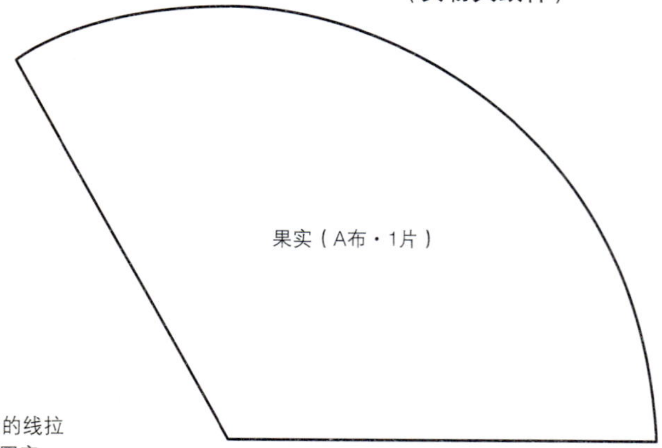

制作方法

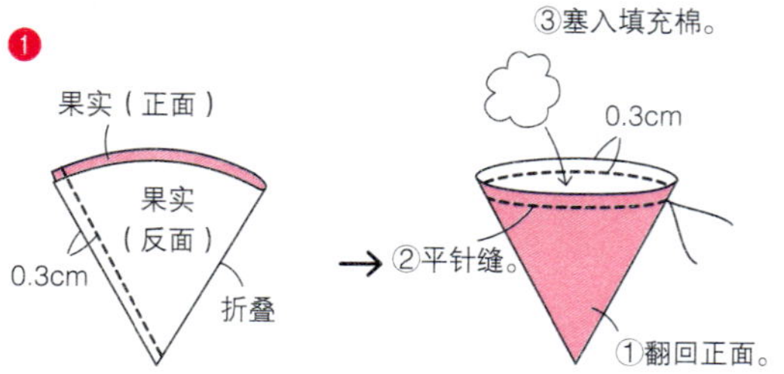

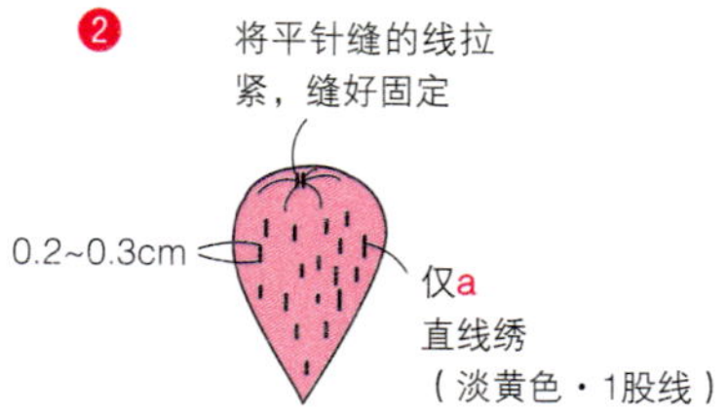

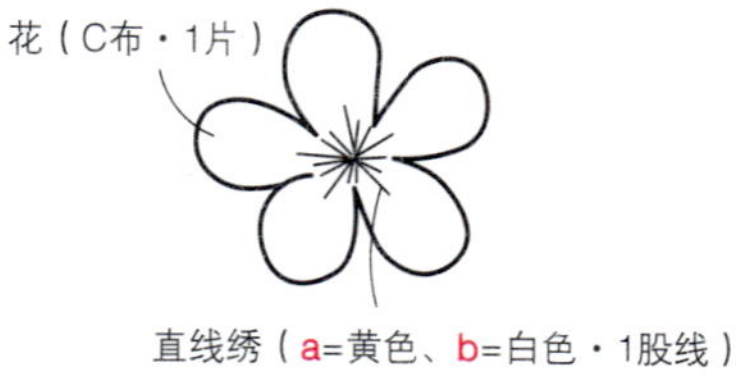

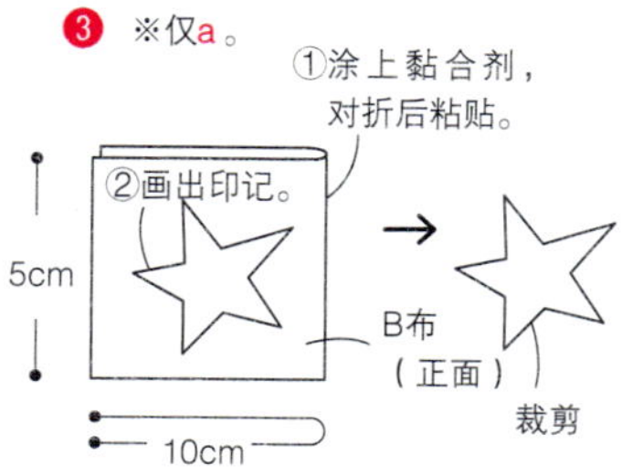

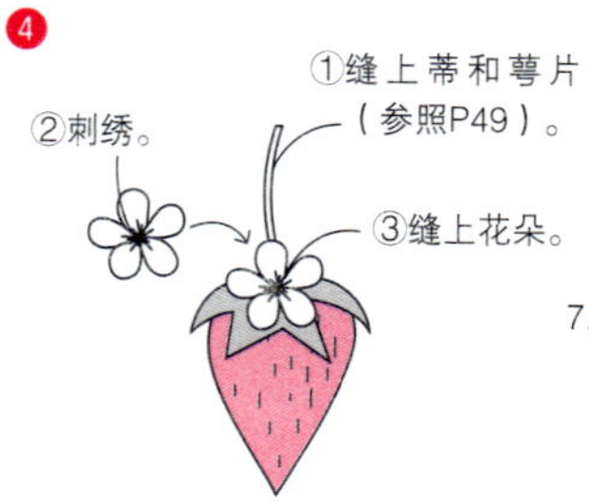

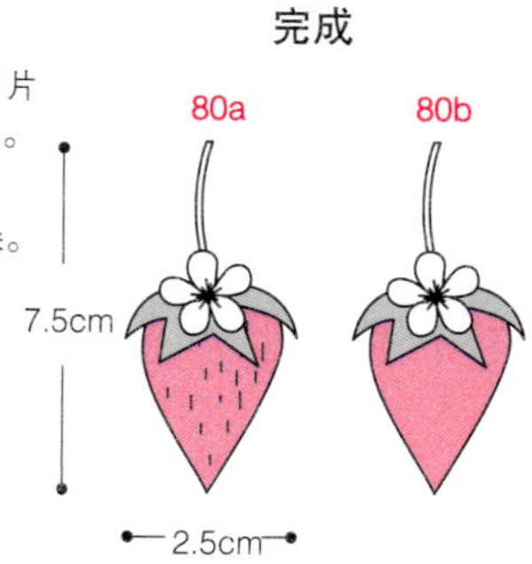

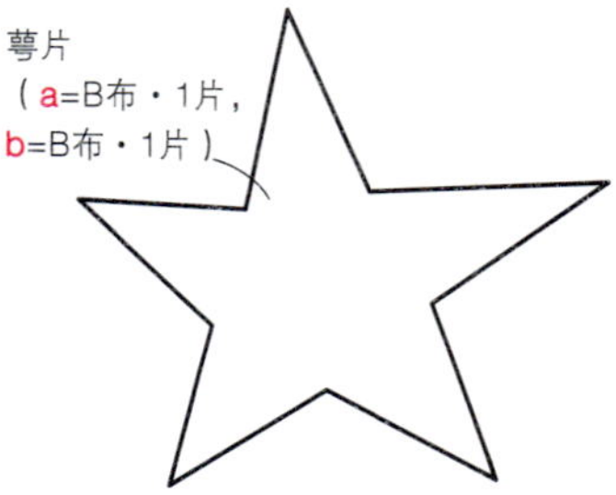

81a·b

尺寸：参照成品图

作品详见P56、57

●a

布：不织布（橙色）20cm×7cm

珍珠串珠（直径0.4cm）1颗

25号刺绣线（淡黄色）

●b

布：不织布（黑色）20cm×7cm

珍珠串珠（直径0.4cm）1颗

25号刺绣线（白色）

〈实物大纸样〉

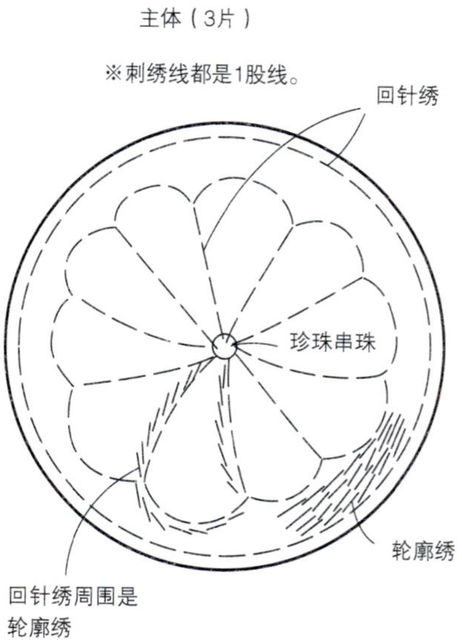

制作方法

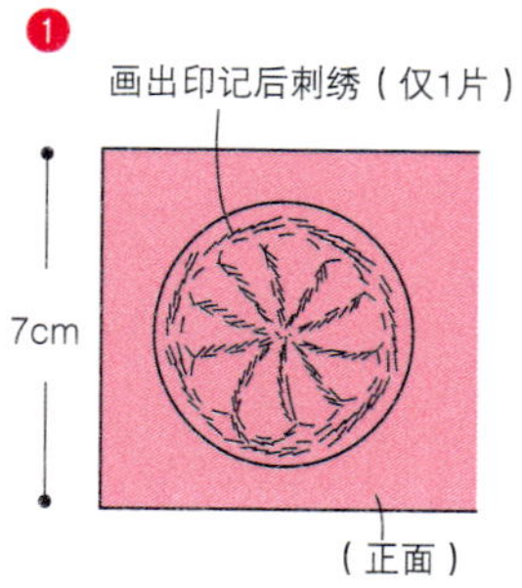

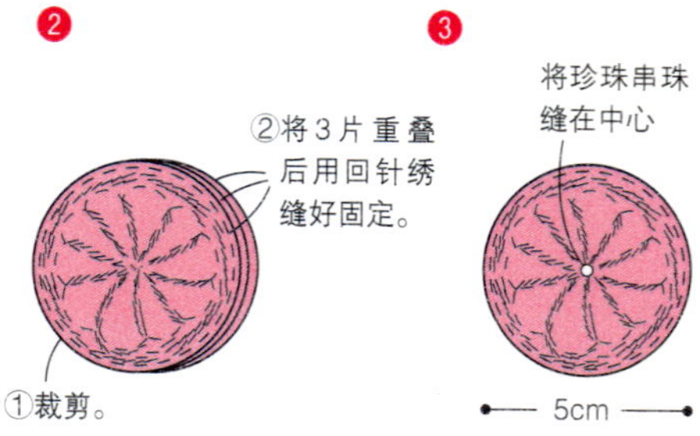

82a·b

约28cm（5个花样）

作品详见P56、57

●a

A布：天鹅绒（紫色）22cm×5cm
B布：棉布（绿色花纹）15cm×10cm
底板用纸10cm×5cm
褶皱布条（宽0.6cm）30cm
25号刺绣线（茶色、白色、蓝色）

●b

A布：天鹅绒（白色）22cm×5cm
B布：棉布（白色）15cm×10cm
底板用纸10cm×5cm
褶皱布条（宽1cm）30cm
25号刺绣线（灰色、黑色）

〈实物大纸样〉

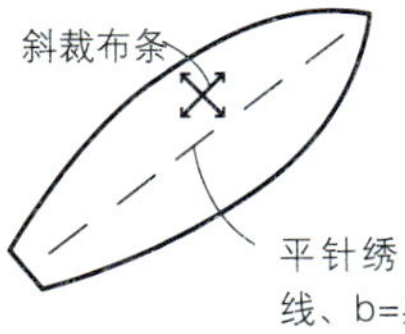

制作方法

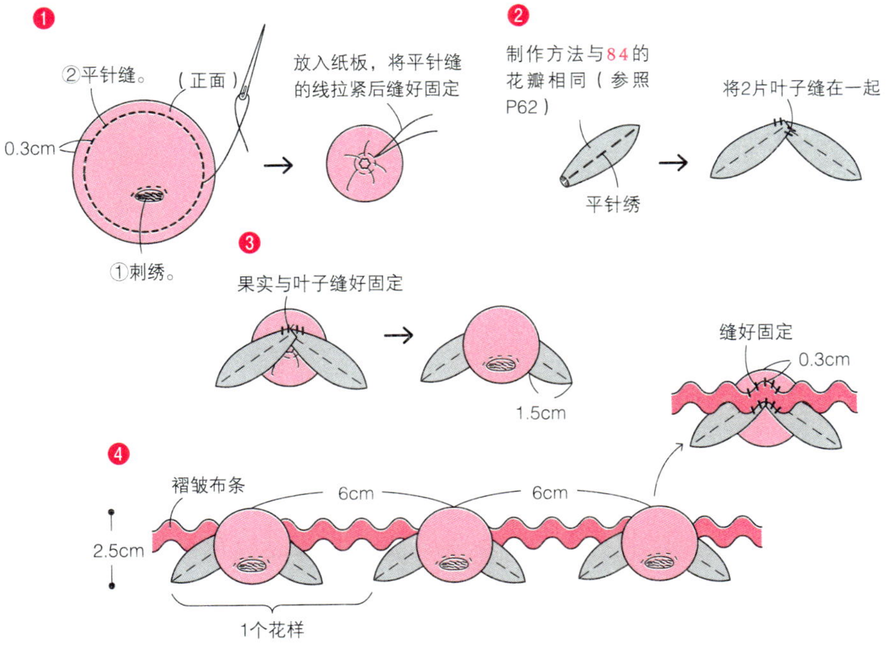

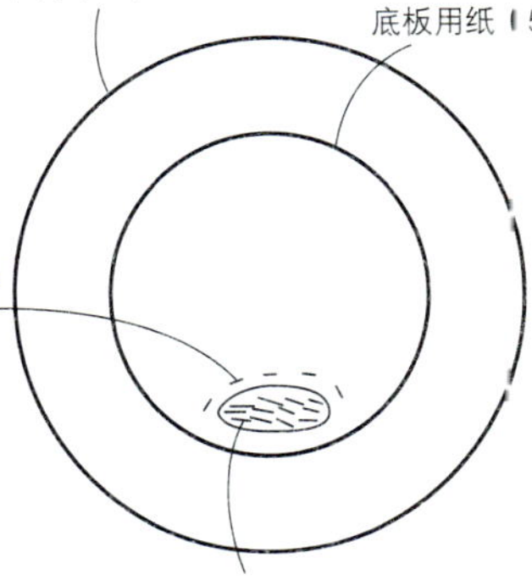

83a·b

约27cm（5个花样）

作品详见P56、57

●a

A布：不织布（白色）15cm×10cm
B布：不织布（黄色）20cm×10cm
麻布条（宽2cm）30cm
25号刺绣线（黑色）

●b

A布：不织布（白色）15cm×10cm
B布：不织布（黑色）20cm×10cm
C布：麻布（白色）30cm×1.5cm
25号刺绣线（黑色、白色）

〈实物大纸样〉

※刺绣线都是1股线。

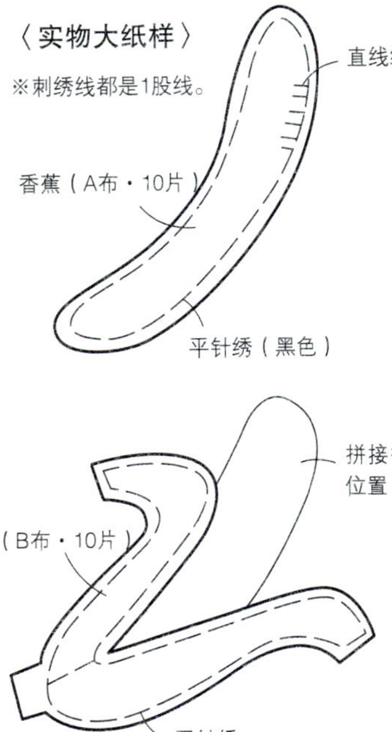

制作方法

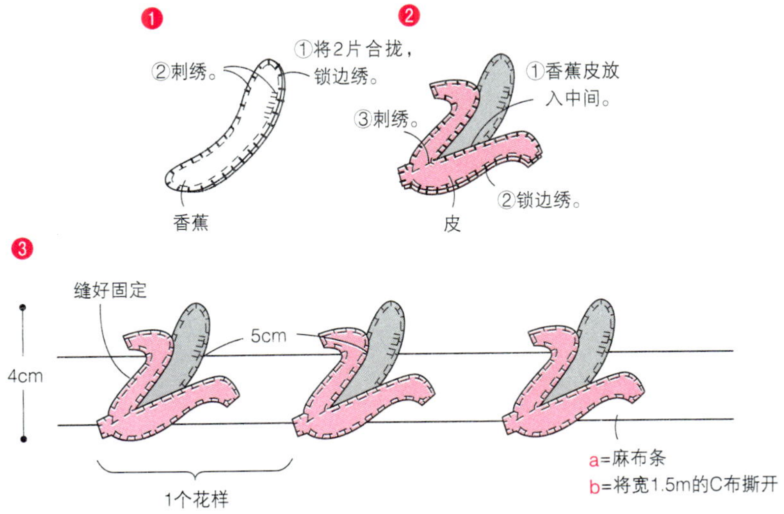

制作方法：作品84a、85a详见P62，作品86a、87a详见P63
设计制作：小关铃子

制作方法：作品84b、85b详见P62，作品86b、87b详见P63
设计制作：小关铃子

84a・b

尺寸：参照成品图

作品详见P60、61

重点提示见P49

●a

A布：棉布（黄色花纹）20cm×10cm

B布：不织布（蓝色）2cm×2cm

C布：棉布（圆点花纹）3cm×3cm

●b

A布：棉布（黑色）20cm×10cm

B布：不织布（白色）2cm×2cm

C布：棉布（黑色）3cm×3cm

〈实物大纸样〉

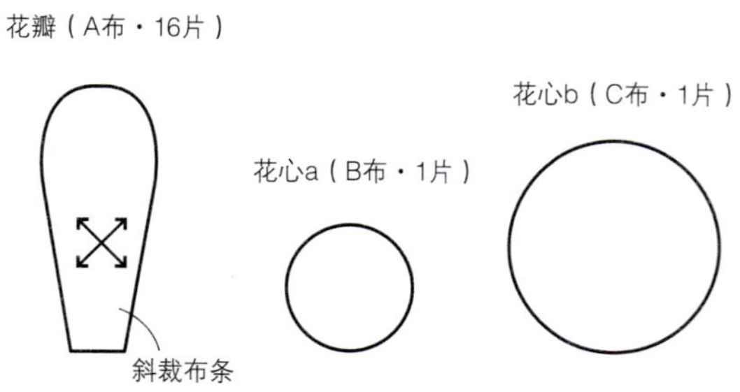

制作方法

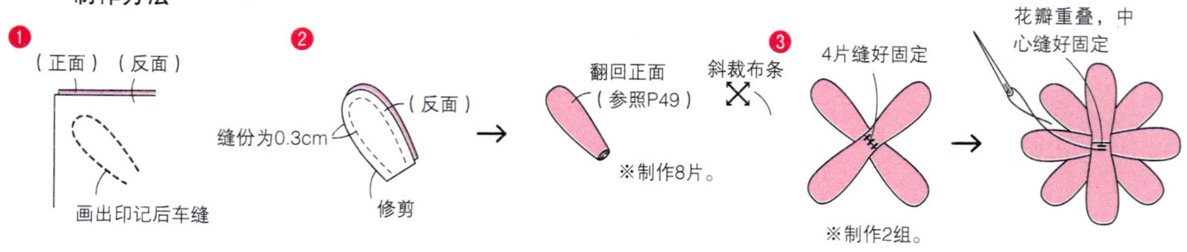

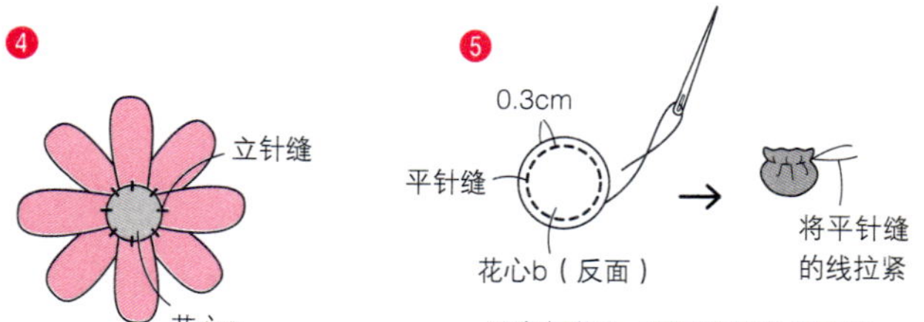

※在与花心a相同的花瓣反面缝上花心b。

完成

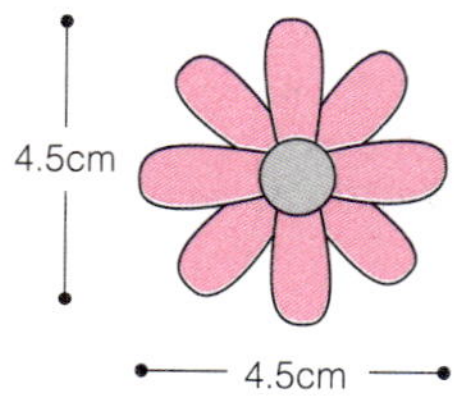

85a・b

尺寸：参照成品图

作品详见P60、61

●a

A布：棉布（圆点花纹）35cm×4.5cm

B布：棉布（红色）35cm×2.3cm

●b

A布：棉布（条纹）35cm×4.5cm

B布：棉布（方格花纹）35cm×2.3cm

〈制作图〉

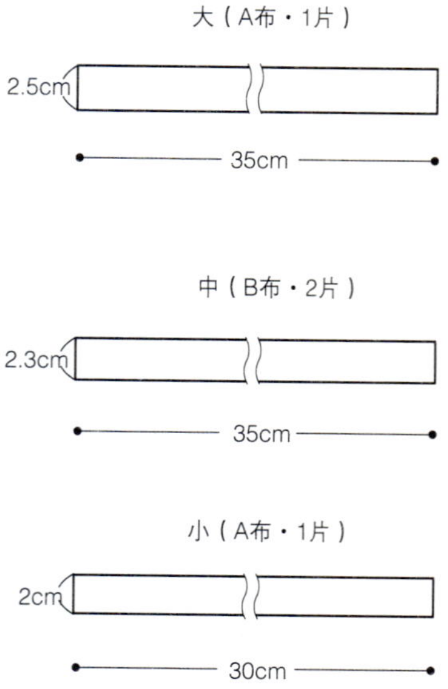

制作方法

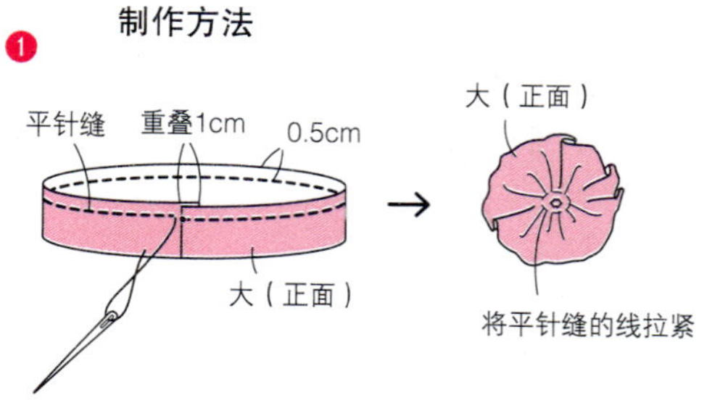

※按照同样方法，制作中号2个，小号1个。

完成

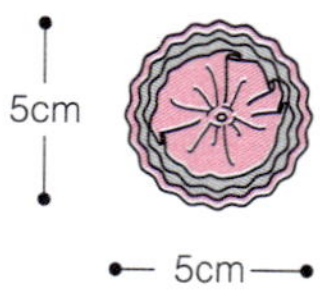

86a·b

约28cm（5个花样）

作品详见P60、61

●a

布：棉布（绿色）10cm×10cm

麻绳（粗0.1cm）30cm

25号刺绣线（茶色）

●b

布：羊毛布（黑色）10cm×10cm

镶边（宽0.3cm）30cm

25号刺绣线（白色）

〈实物大纸样〉

叶子（5片）

制作方法

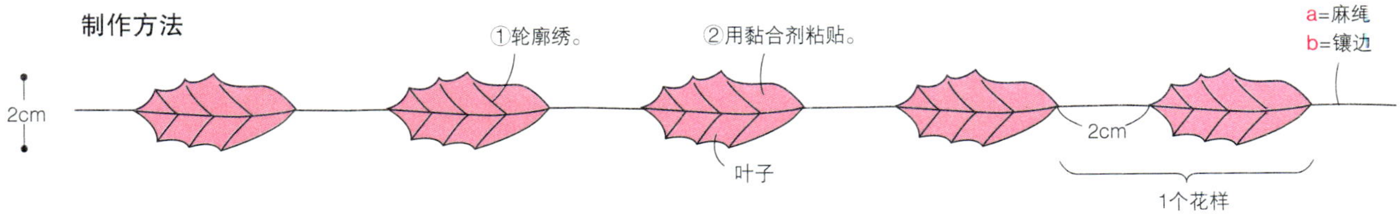

87a·b

约28cm（2.5个花样）

作品详见P60、61

●a

A布：棉布（蓝色花纹）12cm×18cm

B布：棉布（条纹）24cm×18cm

C布：棉布（黄绿色花纹）24cm×6cm

D布：棉布（茶色花纹）24cm×6cm

E布：棉布（白色花纹）24cm×6cm

贝壳纽扣（1cm×1cm）5颗

布条（宽1cm）30cm

●b

A布：棉布（黑色花纹）12cm×18cm

B布：棉布（圆点花纹）24cm×18cm

C布：棉布（圆点大花纹）24cm×6cm

D布：棉布（白色花纹）24cm×12cm

贝壳纽扣（1cm×1cm）5颗

布条（宽1cm）30cm

〈实物大纸样〉

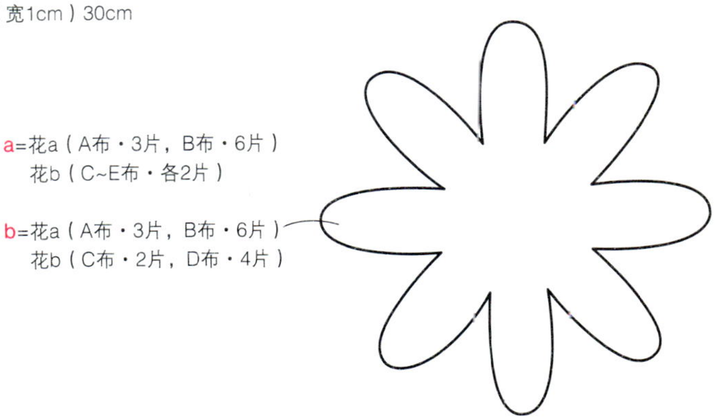

制作方法

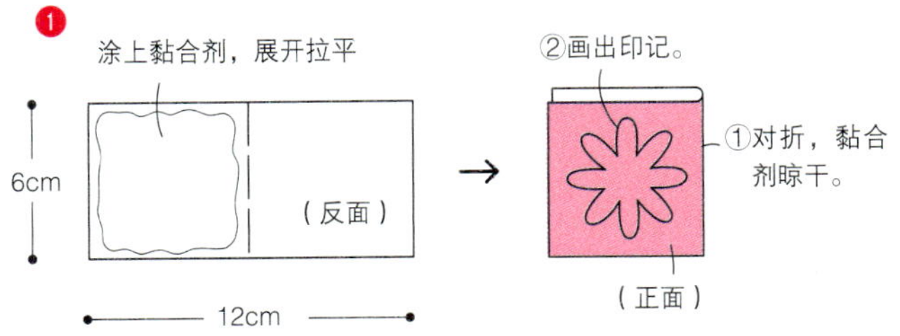

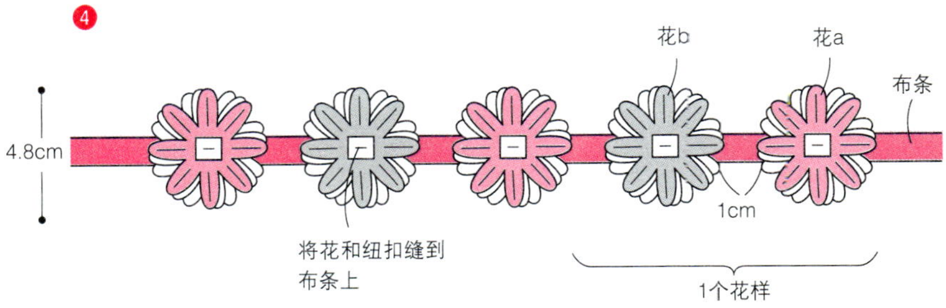

88a

89a

90a

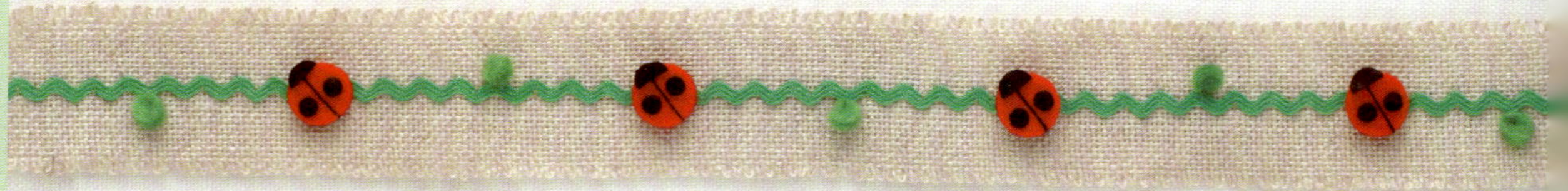

91a

92a

制作方法：作品88a详见P66，作品89a、90a详见P67，
作品91a、92a详见P75
设计制作：Komurata Noriko

制作方法：作品88b详见P66，作品89b、90b详见P67，
作品91b、92b详见P75

设计制作：Komurata Noriko

88a·b

尺寸：参照成品图

作品详见P64、65

●a

A布：棉布（白色）10cm×10cm

B布：麻布（条纹）15cm×10cm

C革：起毛皮革（白色）3cm×5cm

填充棉2g

25号刺绣线（橙色、绿色）

●b

A布：棉布（白色）10cm×10cm

B布：麻布（条纹）15cm×10cm

C革：起毛皮革（白色）3cm×5cm

填充棉2g

25号刺绣线（茶色）

制作方法

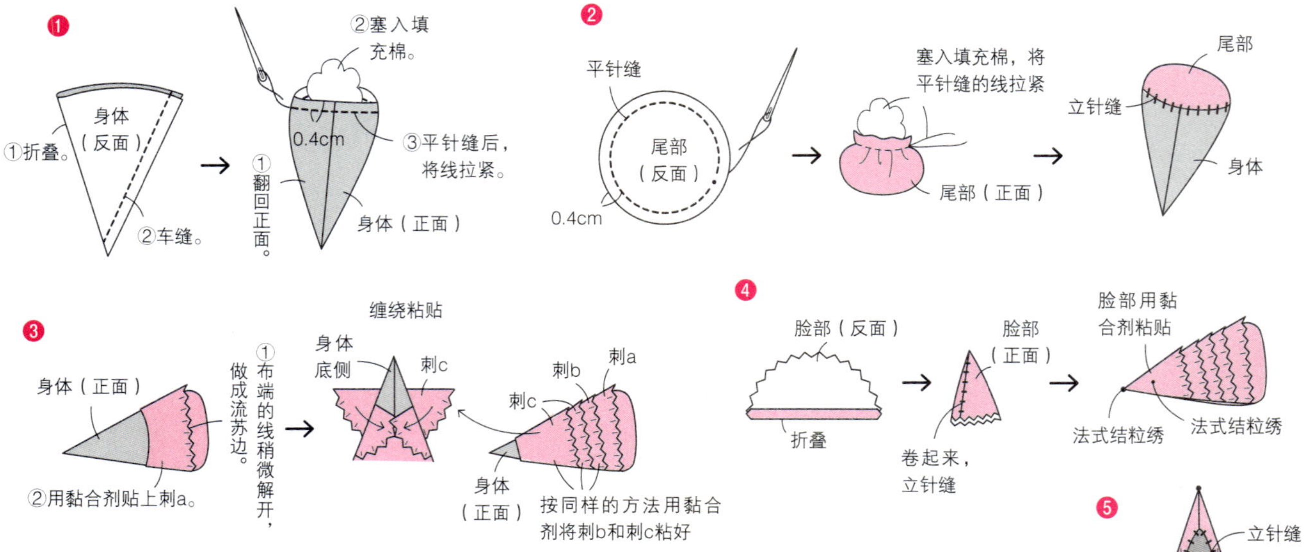

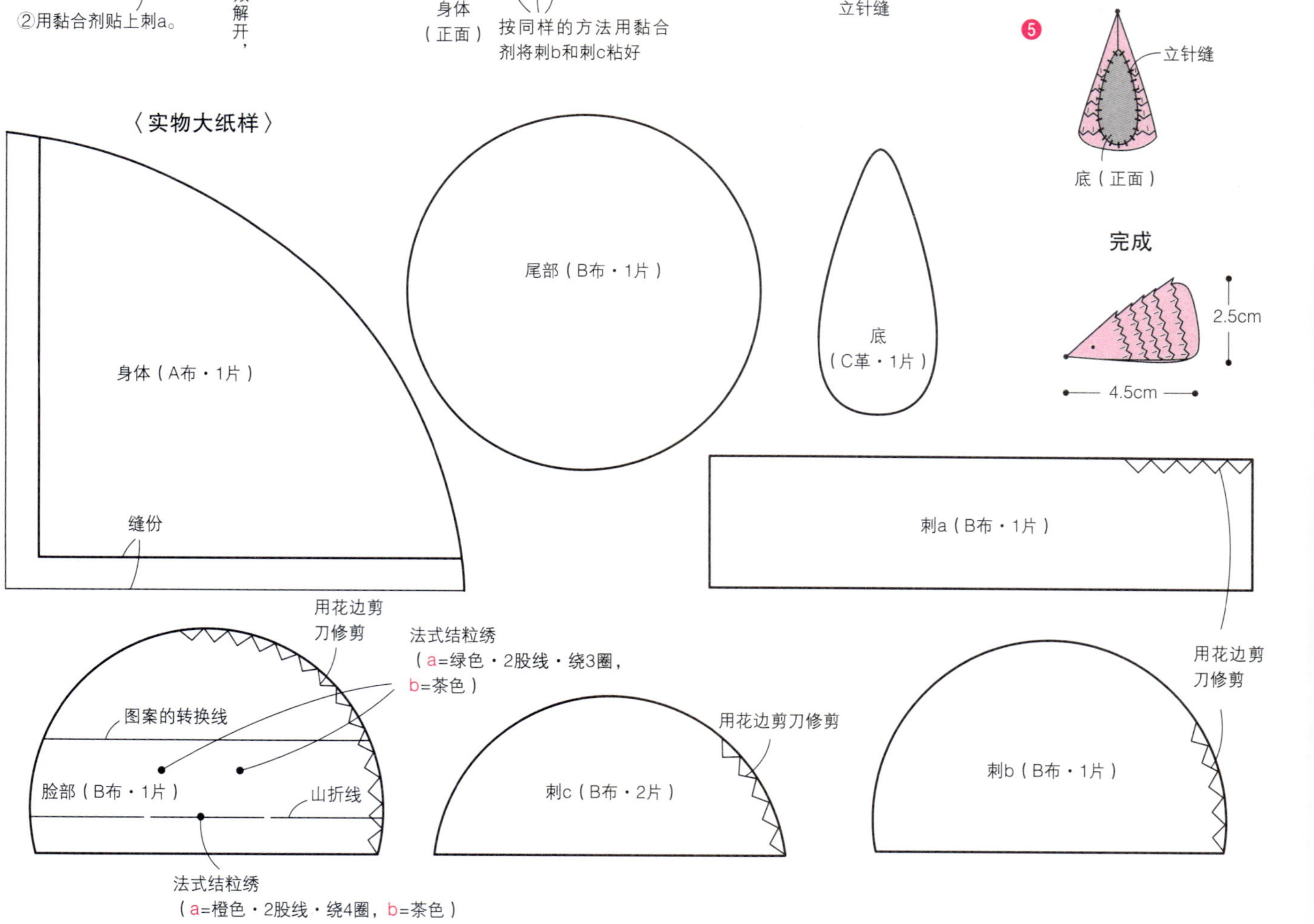

89a·b

尺寸：参照成品图

作品详见P64、65

●a

布：棉布（条纹）15cm×5cm

木串珠（1cm×0.5cm 橙色、蓝色、绿色）各1颗

树枝1根

●b

A布：麻布（米褐色条纹）15cm×5cm

B布：麻布（茶色条纹）1cm×10cm

木串珠（1cm×0.5cm 原色）3颗

树枝1根

〈实物大纸样〉

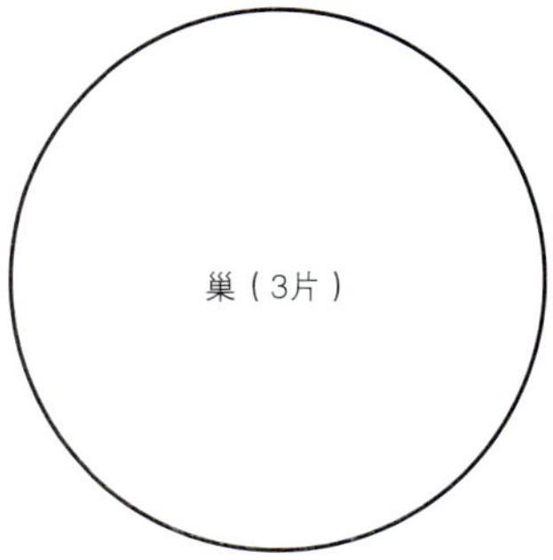

制作方法

❶

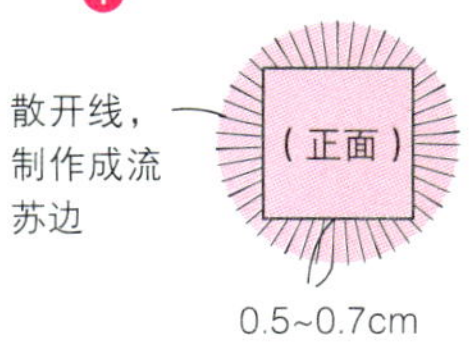

※制作3片。

❷

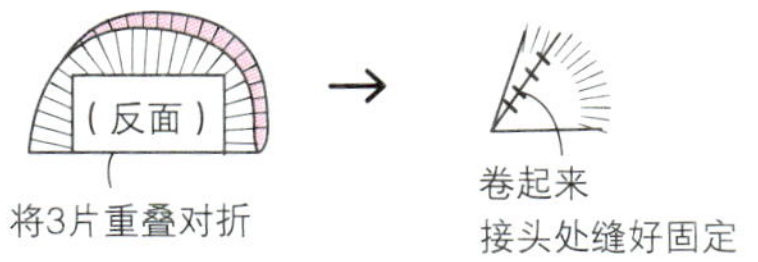

❸

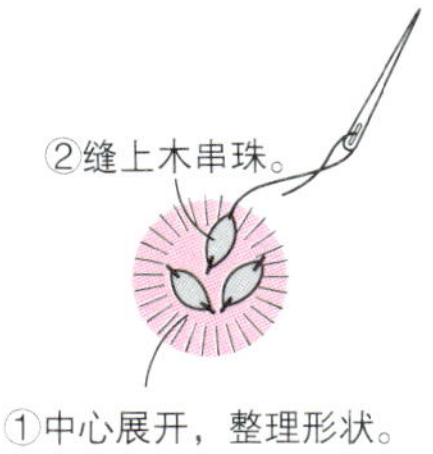

❹

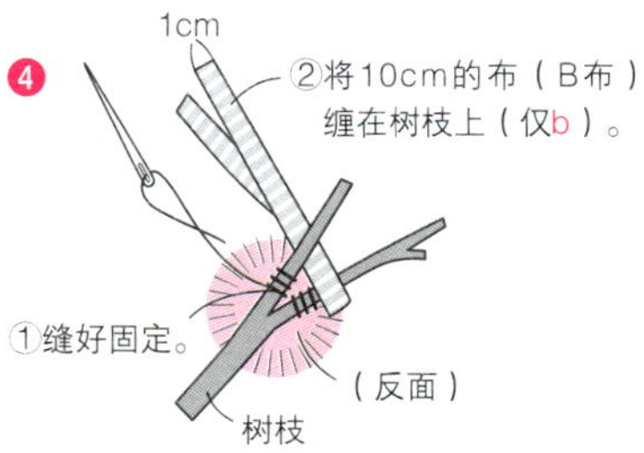

完成

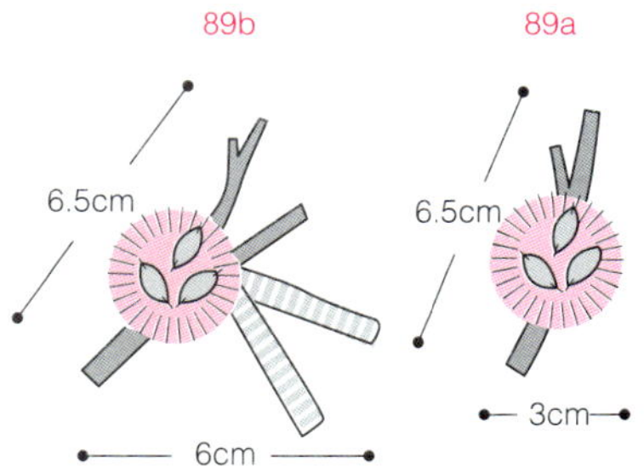

90a·b

约24cm（1个花样）

作品详见P64、65

●a

A革：起毛皮革（白色）5cm×5cm

B革：起毛皮革（黑色）5cm×5cm

C布：不织布（橙色）5cm×1cm

D革：起毛皮革（粉色）5cm×1cm

E布：棉布（条纹）5cm×1cm

黏合衬10cm×5cm

褶皱布条（宽1cm）60cm

25号刺绣线（藏蓝色、粉色、橙色、绿色、红色、蓝色、黄色）

●b

A布：不织布（茶色）5cm×5cm

B布：棉布（条纹）5cm×5cm

C布：羊毛布（米褐色）5cm×5cm

D布：不织布（卡其色）5cm×1cm

黏合衬10cm×5cm

褶皱布条（宽1cm）60cm

25号刺绣线（原色、茶色）

〈实物大纸样〉

鱼

（a＝A革・5片，B革・4片，C、E布、D革・各1片）

（b＝A布、B布・各4片，C布・3片，D布・1片）

※除不织布外，其他材料的反面都贴上黏合衬。

制作方法

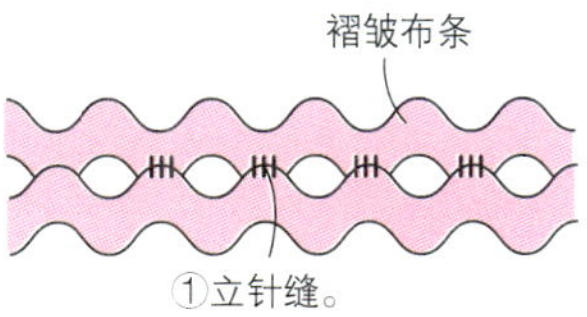

90a

※将鱼缝在自己喜欢的位置。

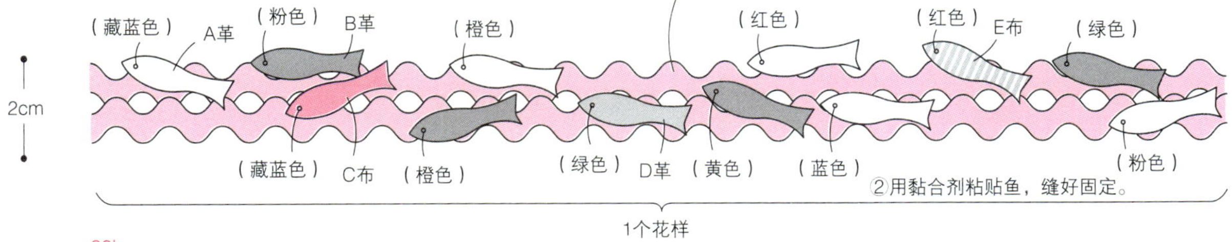

90b

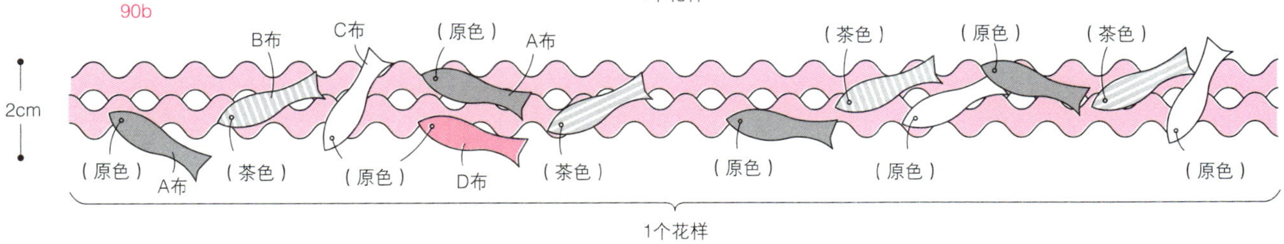

93

94

95

96

97

制作方法：作品93~96详见P70，作品97详见P71
设计制作：Ohno Shintaro

98

99

100

制作方法：作品98详见P71，作品99、100详见P72
设计制作：Ohno Shintaro

93

尺寸：参照成品图

作品详见P68

A布：麻布（白色）10cm×6cm
B布：不织布（白色）10cm×6cm
黏合衬10cm×6cm
布条a（宽2.5cm）5cm
布条b（宽0.9cm）2.5cm
图章
25号刺绣线（粉色、黑色）

〈实物大纸样〉

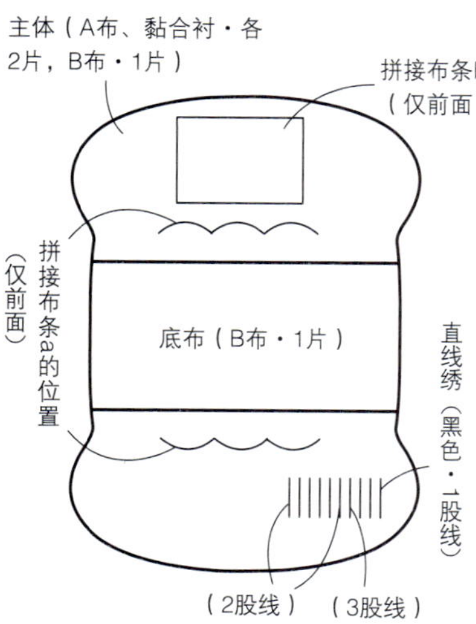

制作方法

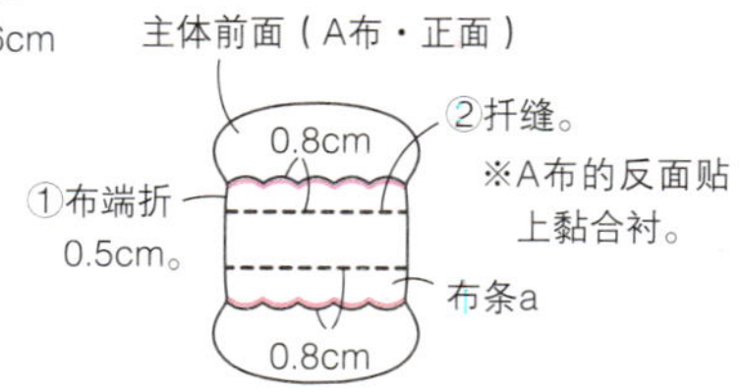

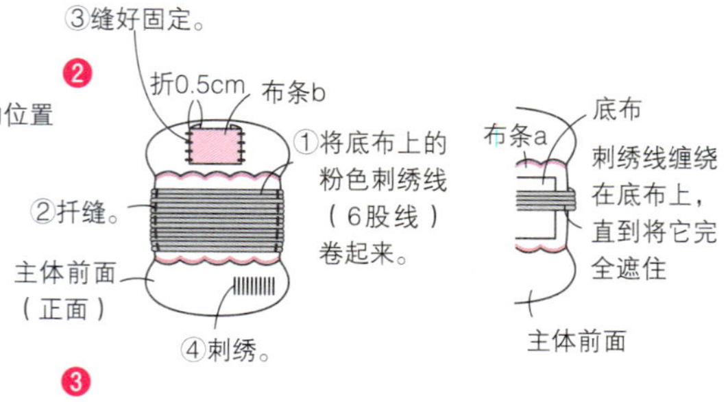

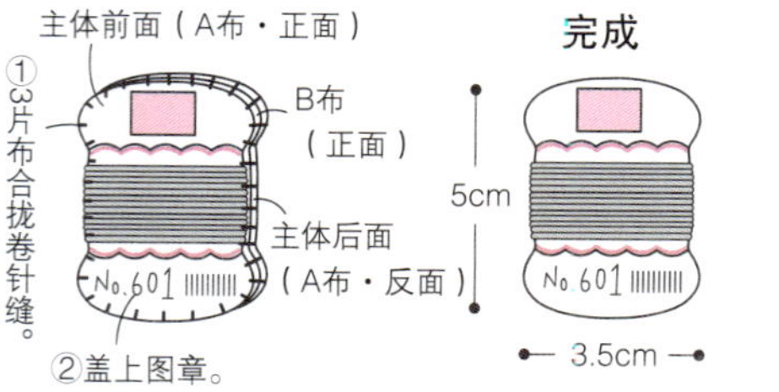

94

尺寸：参照成品图

作品详见P68

布：不织布（绿色）10cm×5cm
25号刺绣线（绿色、茶色）

〈实物大纸样〉

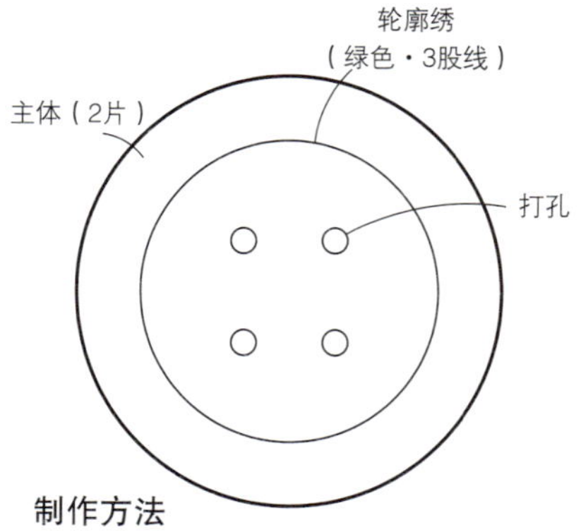

制作方法

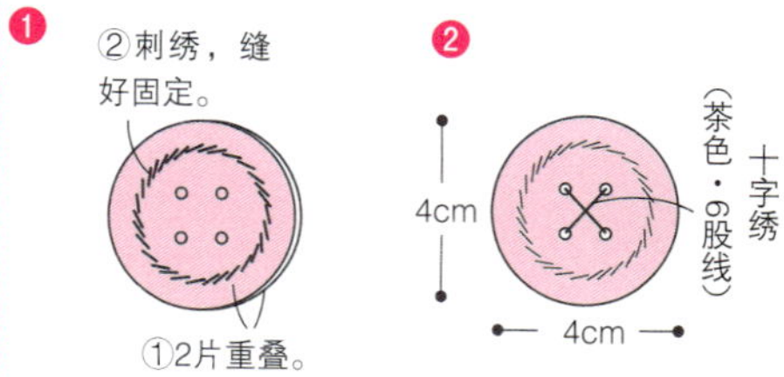

95

尺寸：参照成品图

作品详见P68

A布：棉布（方格花纹）10cm×6cm
B布：麻布（白色）3cm×4cm
C布：不织布（白色）3cm×4cm
D布：不织布（橙色）3cm×3cm
E布：不织布（黄色）2cm×2cm
黏合衬15cm×6cm
纽扣（直径0.8cm）1颗
竹珠（4种）各适量
大圆珠适量
25号刺绣线（橙色）

制作方法

〈实物大纸样〉

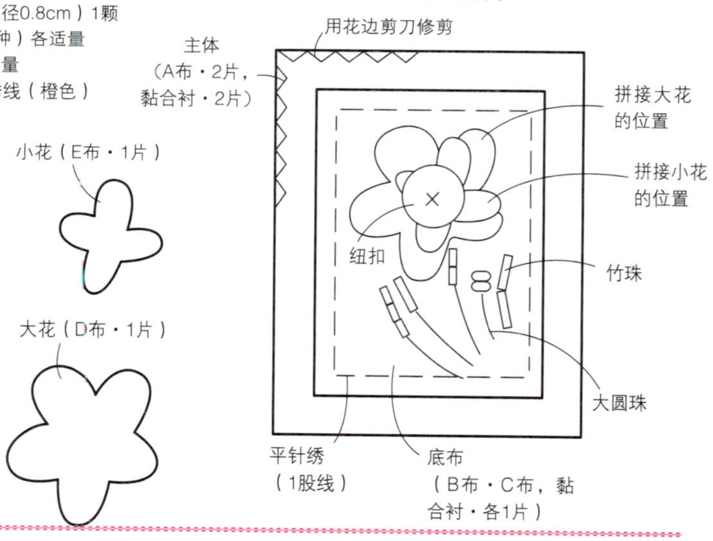

96

约27.5cm（4个花样）

作品详见P68

麻布条（宽1cm）30cm
缎带（宽0.5cm 绿色、黄绿色）各50cm
亮片（直径0.8cm 绿色、黄绿色）各4片
小圆珠8颗

制作方法

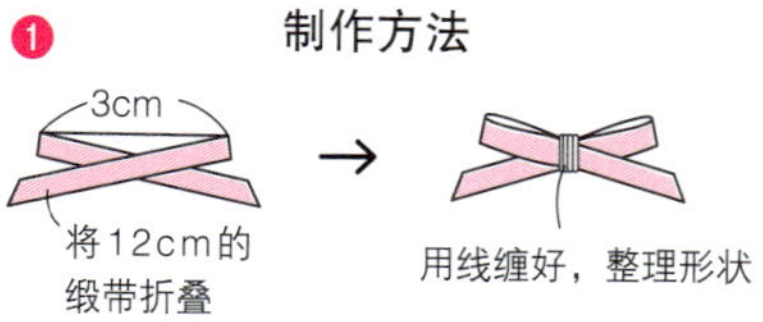

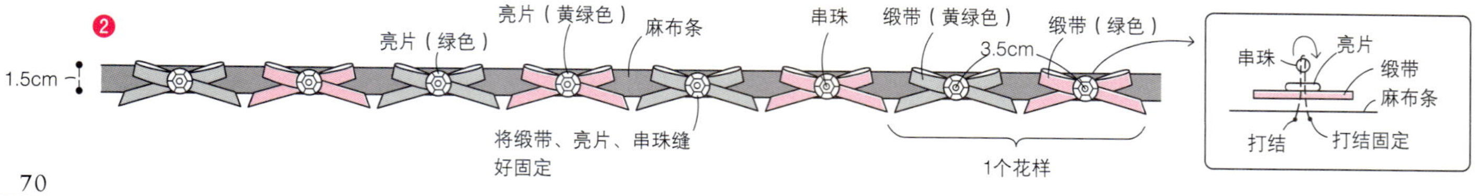

97

30cm（6个花样）

作品详见P68

A布：不织布（黄色）15cm×5cm
B布：不织布（金黄色）15cm×5cm
25号刺绣线（淡橙色、橙色、黄色）

制作方法

〈实物大纸样〉

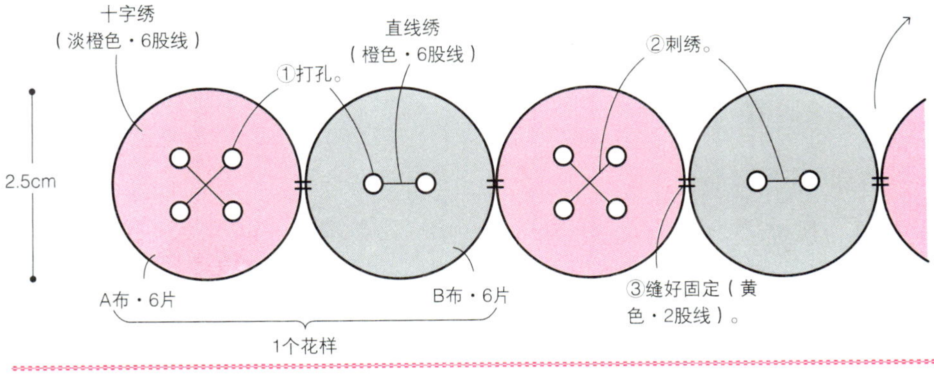

图案的拼接方法

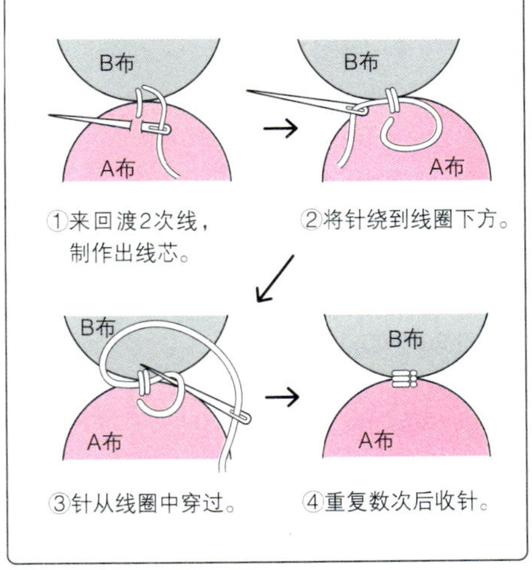

98

尺寸：参照成品图

作品详见P69

A布：麻布（米褐色）15cm×10cm
B布：麻布（方格花纹）7cm×10cm
C布：不织布（蓝色）10cm×5cm
便笺6cm×3cm
子母扣1对
填充棉少许

制作方法

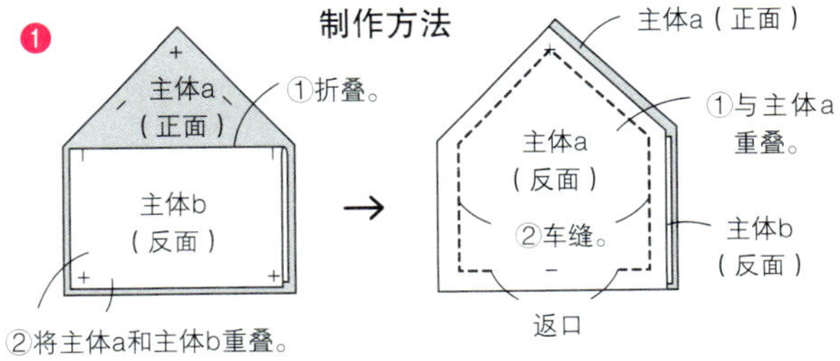

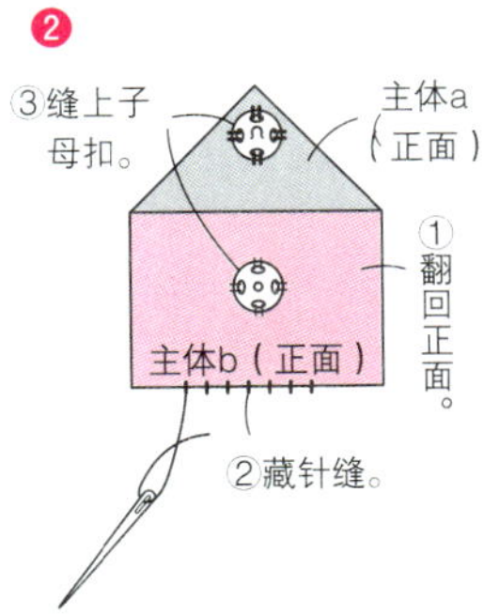

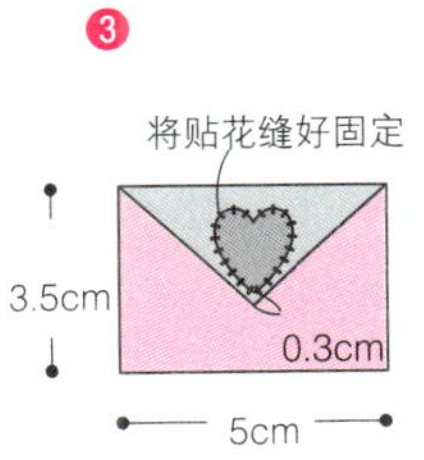

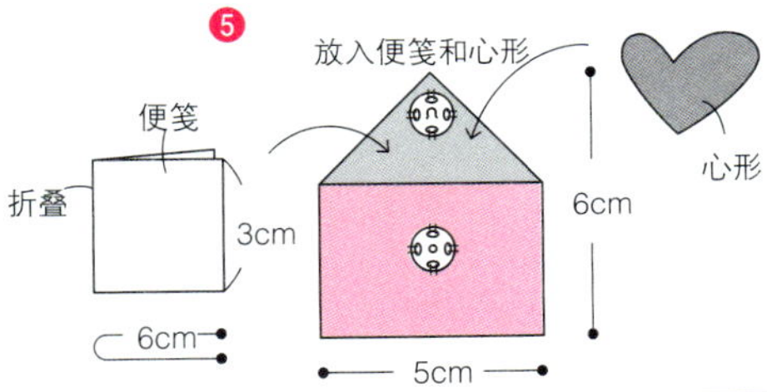

藏针缝

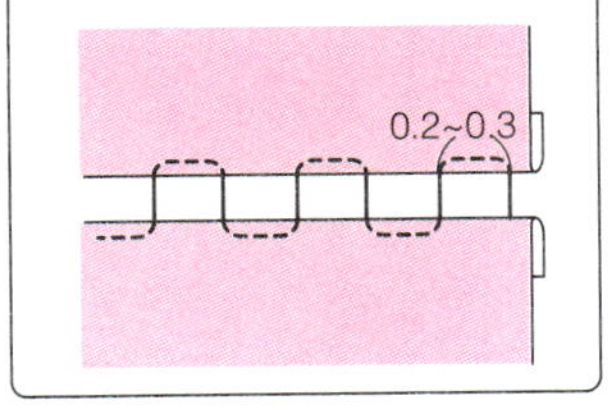

〈实物大纸样〉

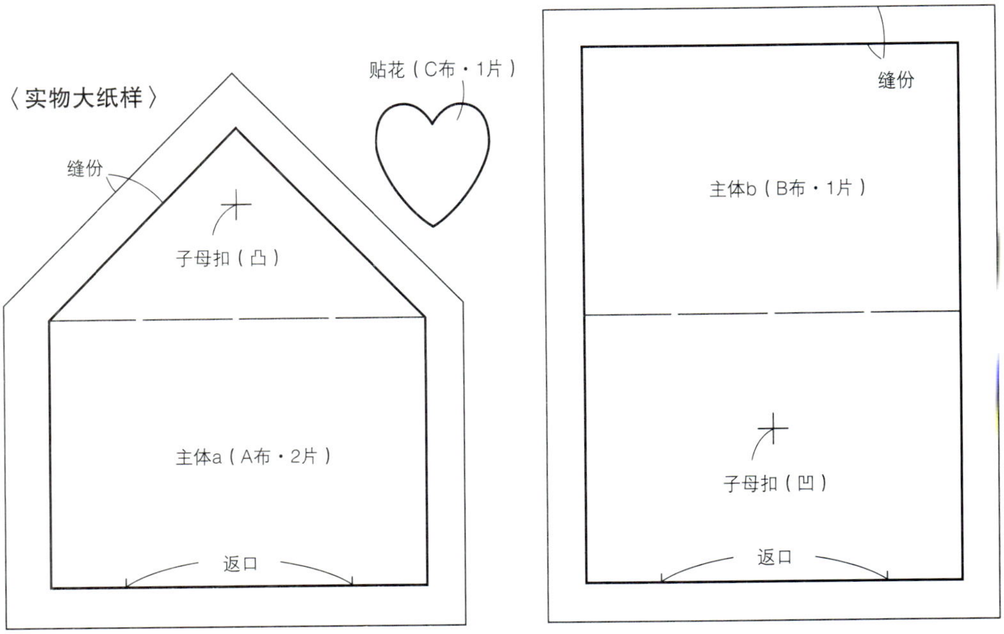

99

约23cm（2个花样）

作品详见P69

A布：不织布（白色）15cm×5cm
B布：不织布（黑色）15cm×5cm
C布：不织布（灰色）15cm×5cm
绳子（粗0.1cm）30cm

制作方法

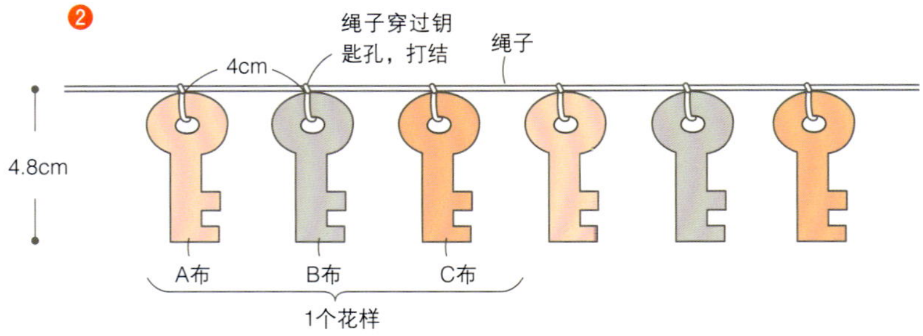

〈实物大纸样〉

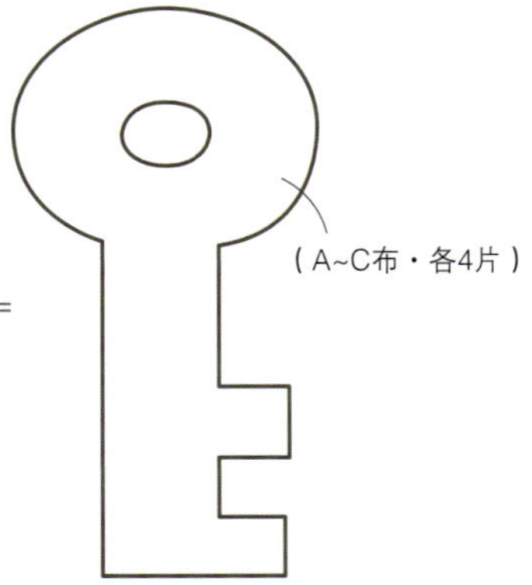

100

约28cm（3个花样）

作品详见P69

A布：麻布（白色）15cm×15cm
B布：不织布（白色）15cm×6cm
C布：不织布（红色）10cm×5cm
D布：麻布（米褐色）15cm×15cm
E布：不织布（蓝色）10cm×5cm
黏合衬30cm×15cm
绳子（粗0.2cm，蓝色、红色）各30cm
麻绳（粗0.2cm）30cm
25号刺绣线（蓝色、红色）

制作方法

※A布、D布的反面贴上黏合衬。

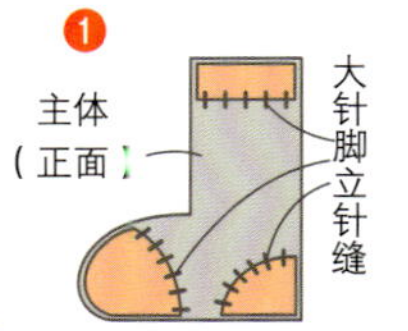

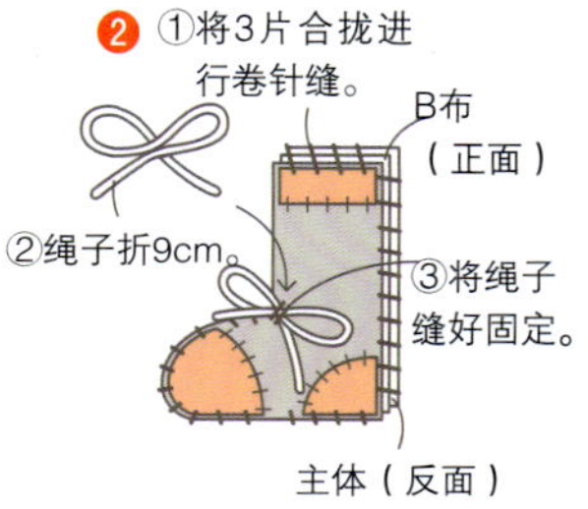

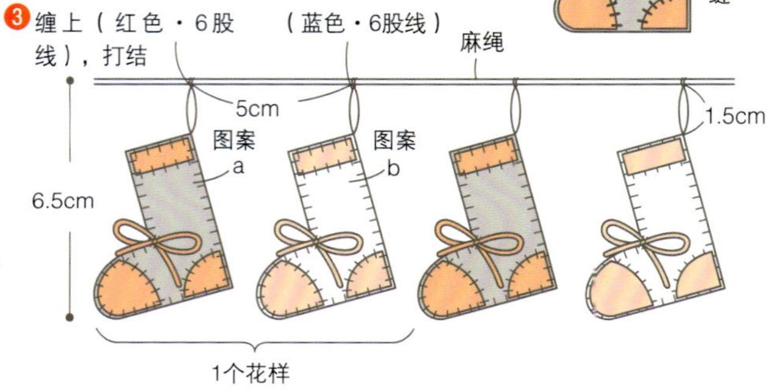

〈实物大纸样〉

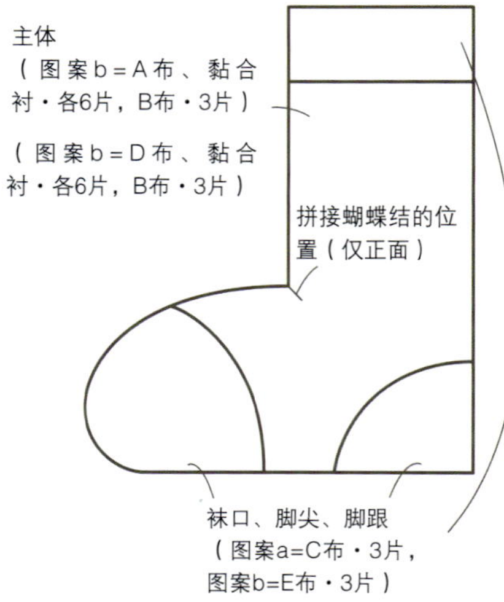

32

约16cm（1个花样）

作品详见P25

A布：不织布（深棕色）6cm×5cm
B布：不织布（米褐色）8cm×6cm
C布：不织布（白色）2cm×2cm
麻质镶边（宽2cm）30cm
绳子（粗0.1cm）40cm
椰壳纤维少许
填充棉少许
25号刺绣线（茶色、黑色）

制作方法

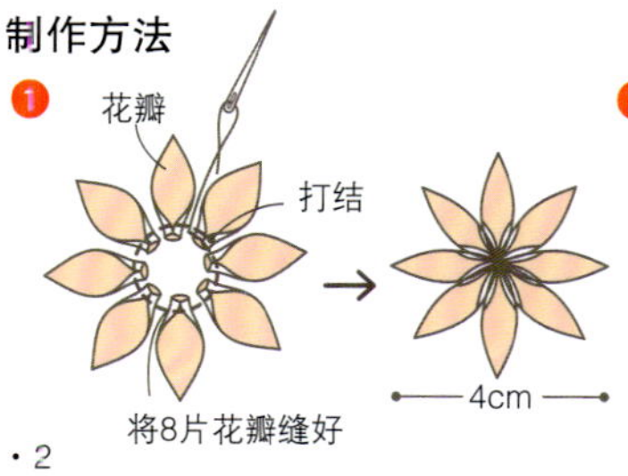

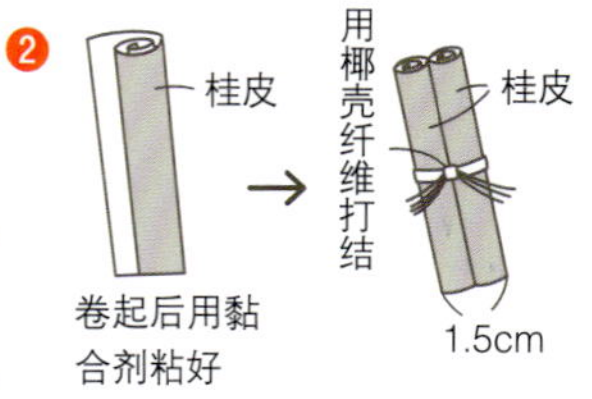

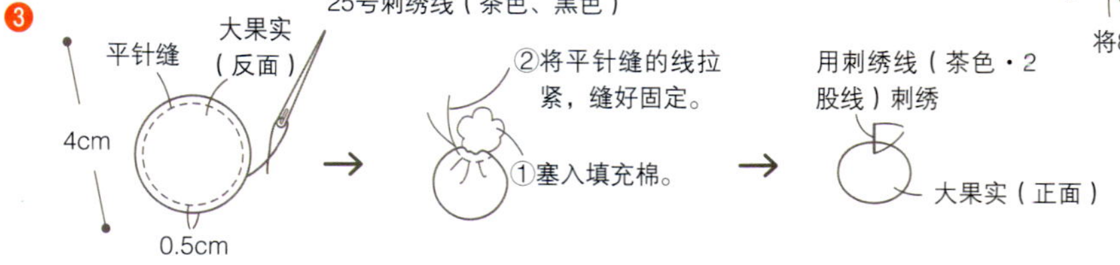

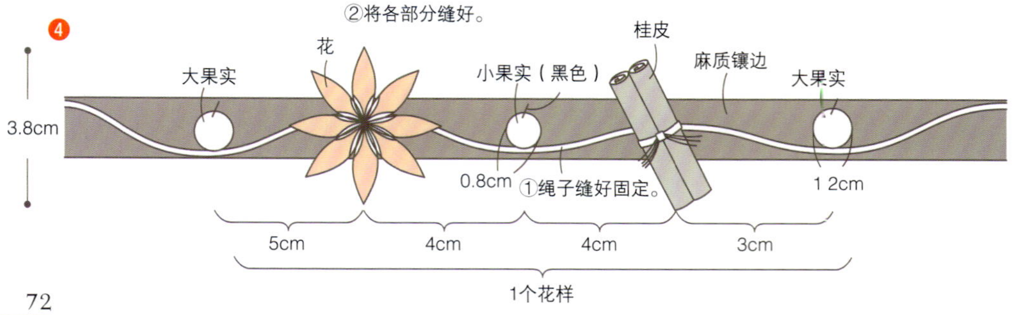

〈实物大纸样〉

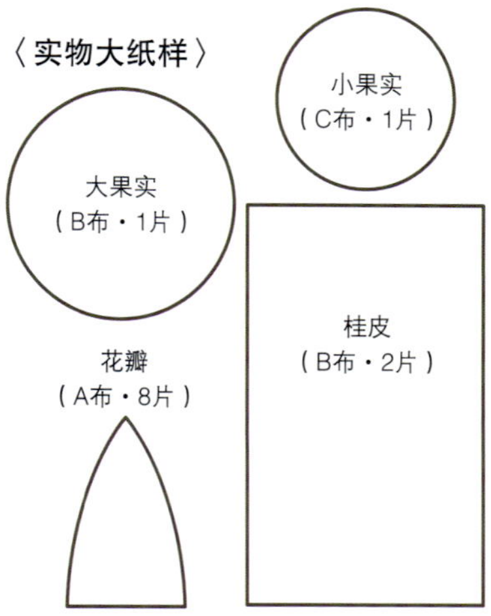

39

尺寸：参照成品图

作品详见P29

重点提示见P9

A布：棉布（茶色）15cm×10cm
B布：棉布（红茶色）3.5cm×4cm
C布：棉布（茶色格子）1.5cm×10cm
黏合衬15cm×10cm
线（粗0.4cm）7.5cm

〈实物大纸样〉

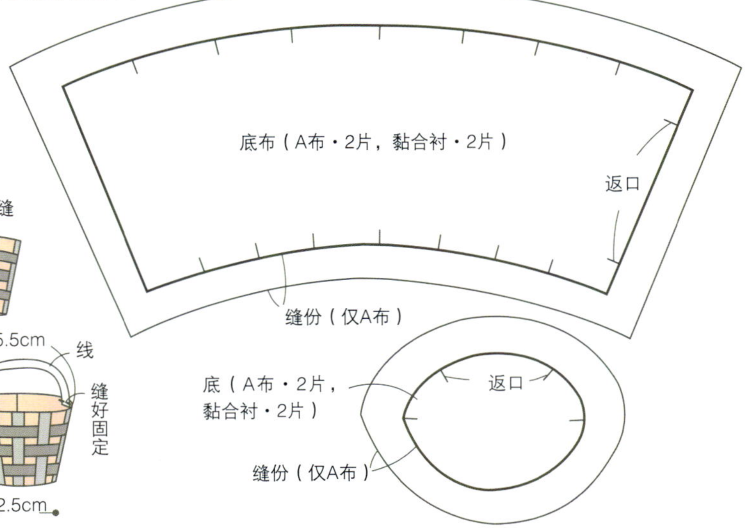

制作方法

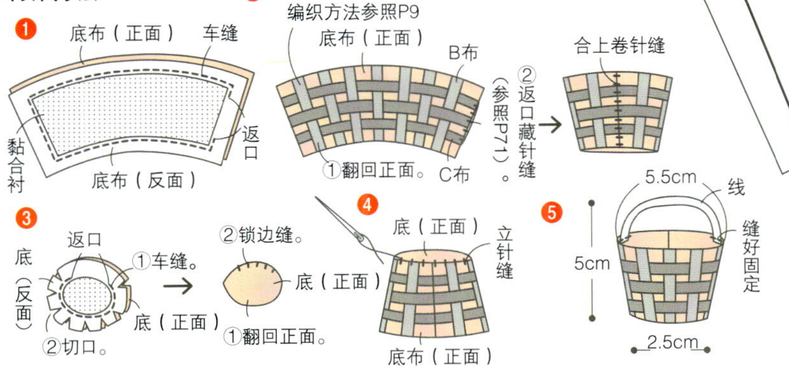

41

28cm（4个花样）

作品详见P29

A布：棉布（米褐色方格花纹）30cm×11cm
B布：棉布（米褐色花纹）30cm×5cm
C布：棉布（灰色）40cm×40cm
25号刺绣线（原色）

制作方法

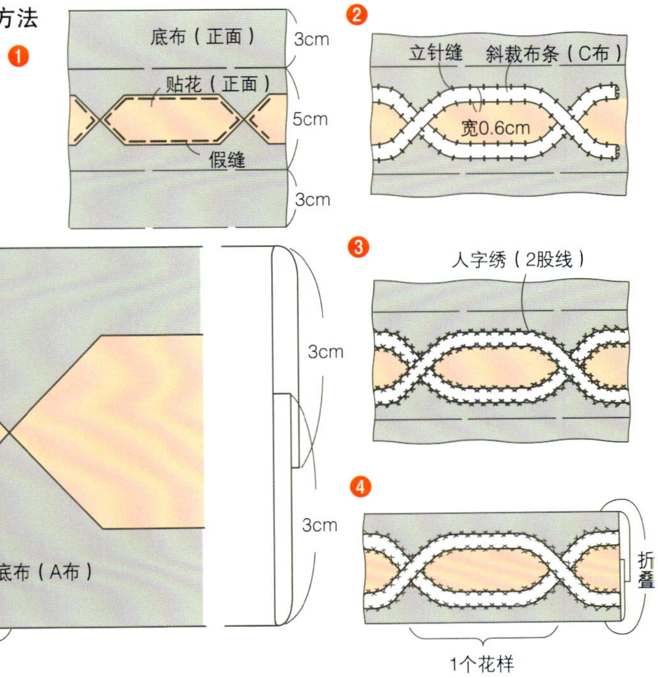

〈实物大纸样〉

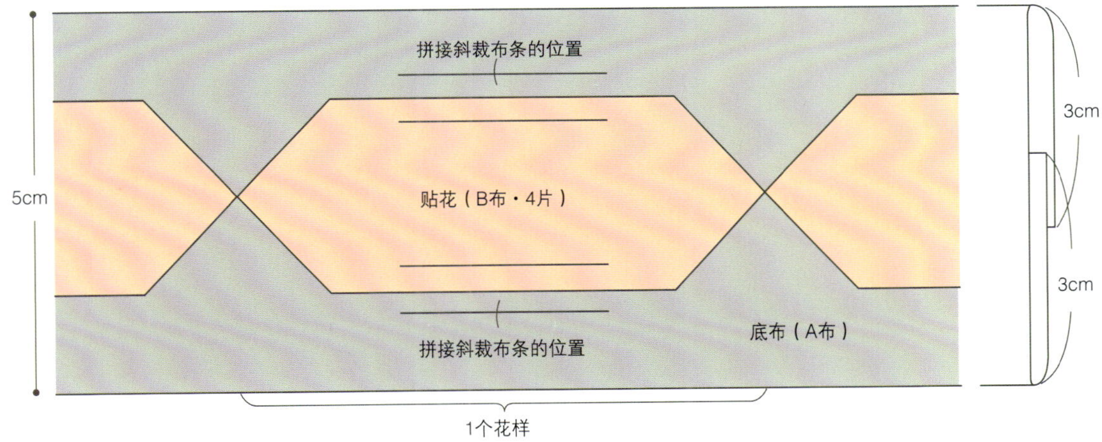

59

32.5cm（3个花样）

作品详见P41

A布：不织布（浅绿色）15cm×10cm
B布：不织布（翡翠绿）15cm×10cm
缎带（宽0.3cm，黄绿色、淡蓝色）各20cm
25号刺绣线（翡翠绿、黄绿色、淡蓝色）

〈实物大纸样〉

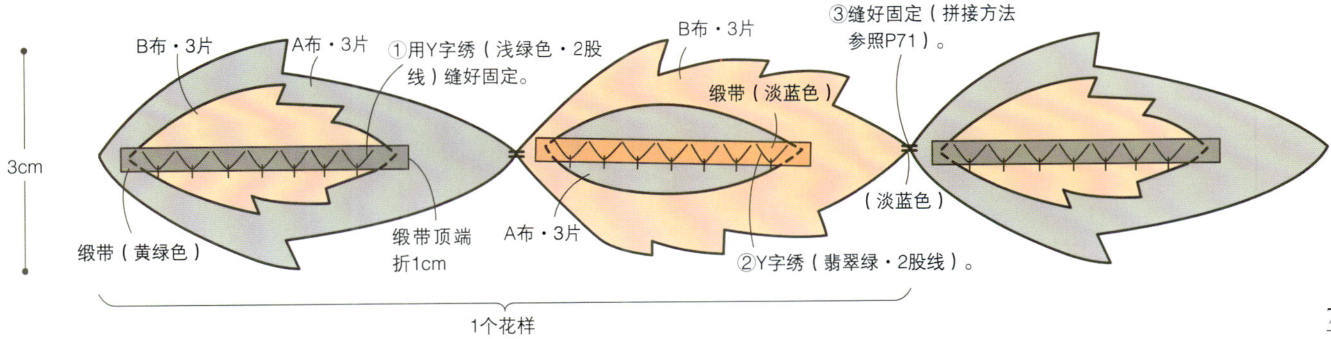

60

尺寸：30cm

作品详见P41

A布：不织布（黄色）3cm×30cm
B布：不织布（淡黄色）8cm×30cm
C布：不织布（粉色）5cm×30cm
包边布条（宽0.6cm）35cm

〈制作图〉

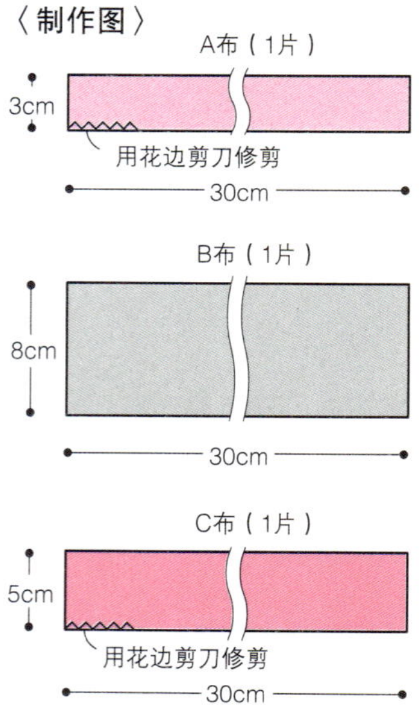

制作方法

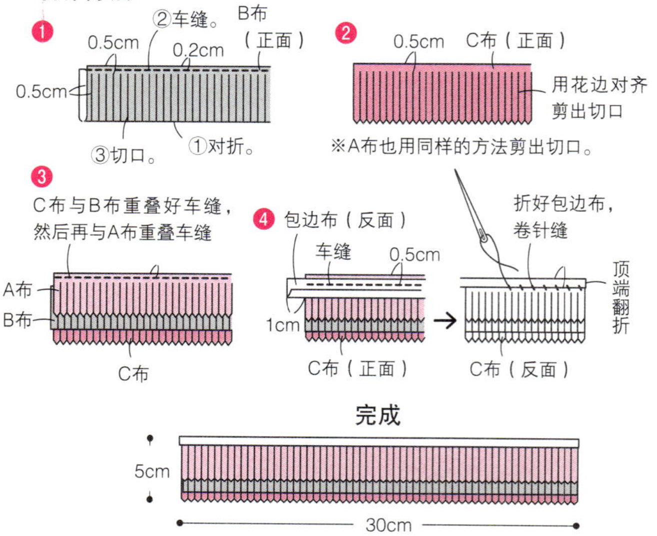

65

尺寸：参照成品图

作品详见P45

A布：棉布（米褐色花纹）15cm×8cm
B布：不织布（原色）6cm×6cm
填充棉3g
25号刺绣线（粉色、黄色、淡蓝色）

制作方法

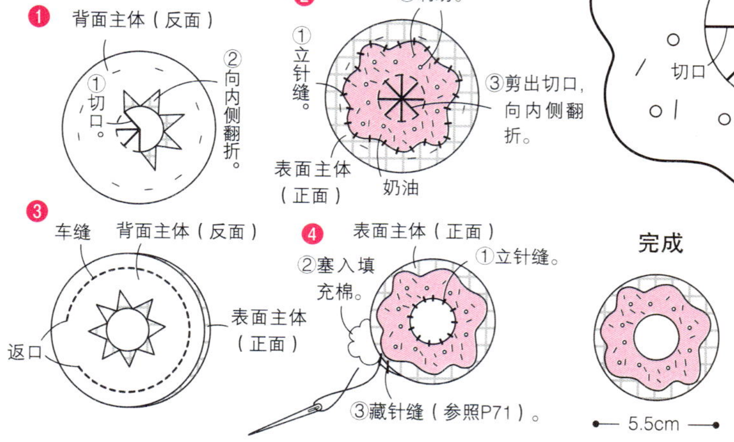

〈实物大纸样〉

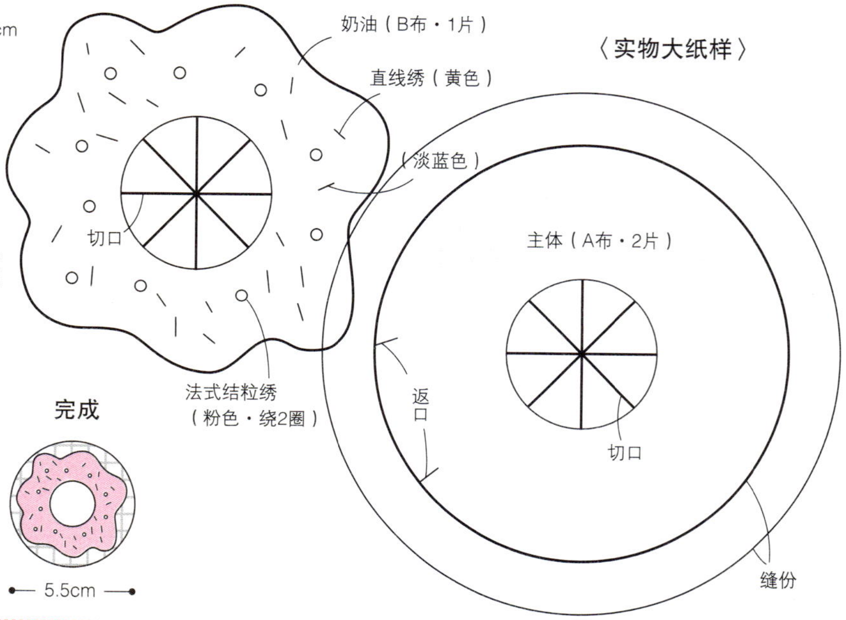

68

约28cm（5个花样）

作品详见P45

A布：棉布（粉色格子）30cm×9.4cm
B布：不织布（米褐色）25m×4cm
25号刺绣线（茶色）

〈实物大纸样〉

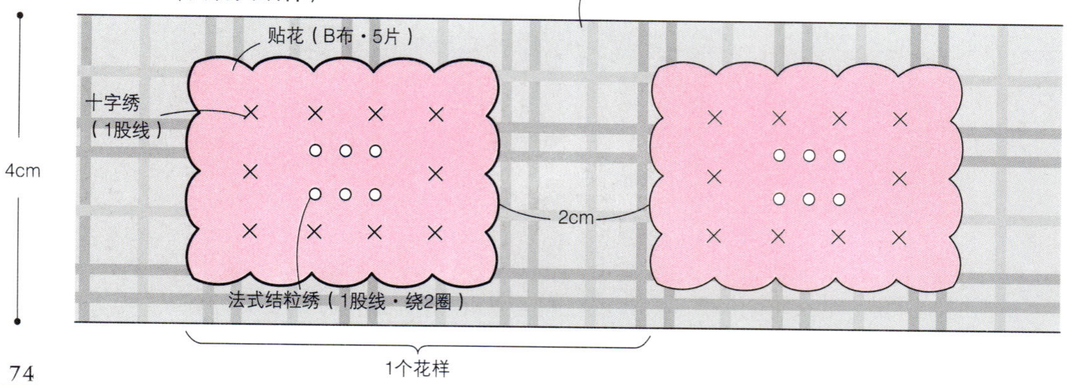

制作方法

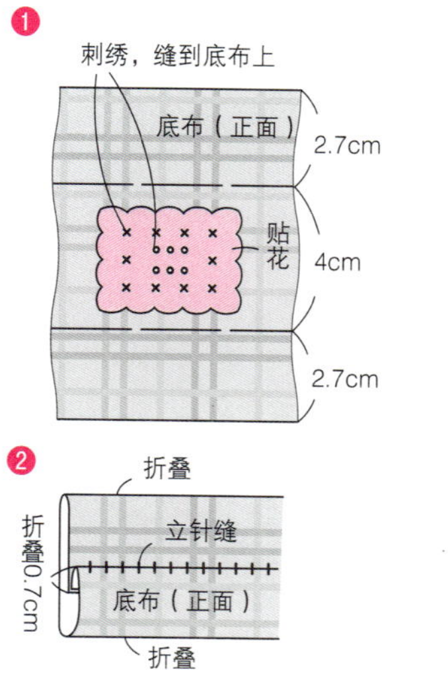

91a·b

约23cm（2个花样）

作品详见P64、65

●a

A布：厚不织布（红色）5cm×2cm

B革：起毛皮革（黑色）2cm×2cm

C布：不织布（绿色）2cm×2cm

麻质丝带（宽2.5cm）30cm

褶皱布条（宽0.4cm）30cm

25号刺绣线（黑色）

●b

A布：厚不织布（米褐色）5cm×2cm

B革：起毛皮革（深棕色）2cm×1cm

C革：起毛皮革（白色）2cm×1cm

D布：不织布（白色）2cm×2cm

麻质丝带（宽2.5cm）30cm

褶皱布条（宽0.5cm）30cm

25号刺绣线（茶色、白色）

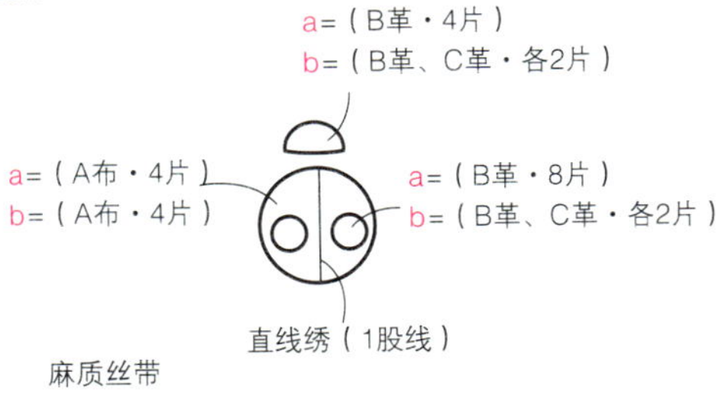

〈实物大纸样〉

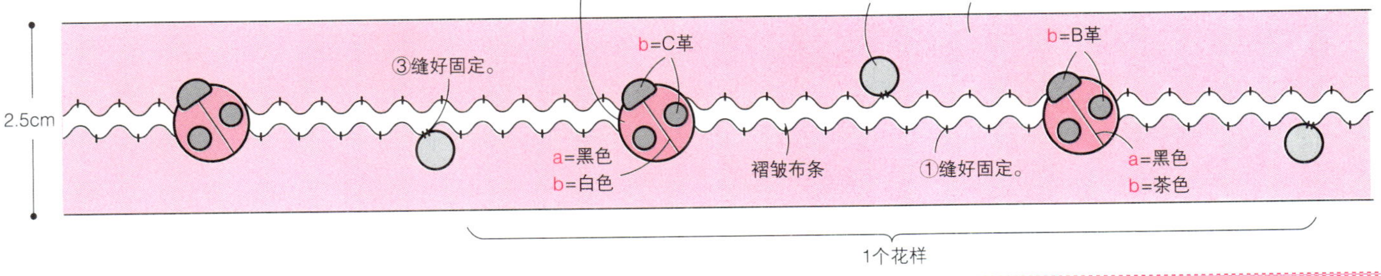

92a·b

约24.5cm（3个花样）

作品详见P64、65

●a

A布：羊毛布（蓝绿色）30cm×5cm

B布：毛皮（灰色）10cm×5cm

C革：起毛皮革（白色）2cm×3cm

D革：起毛皮革（黑色）3cm×2cm

E布：棉布（条纹）15cm×5cm

填充棉少许

25号刺绣线（橙色、黄色）

●b

A布：羊毛布（米褐色）30cm×5cm

B布：毛皮（白色）10cm×5cm

C革：起毛皮革（白色）5cm×5cm

D布：棉布（条纹）15cm×5cm

填充棉少许

25号刺绣线（茶色、原色）

制作方法

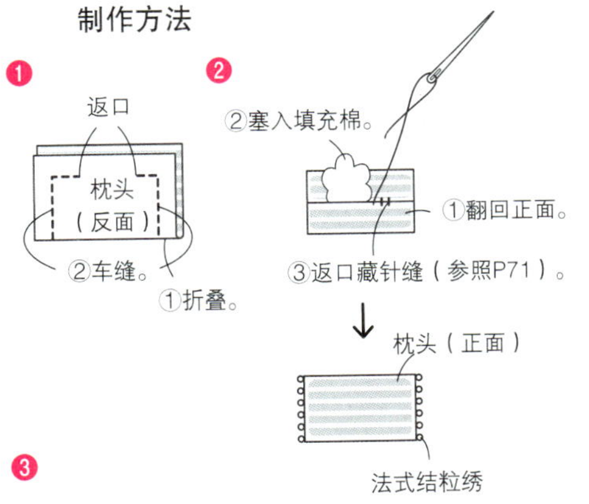

〈实物大纸样〉

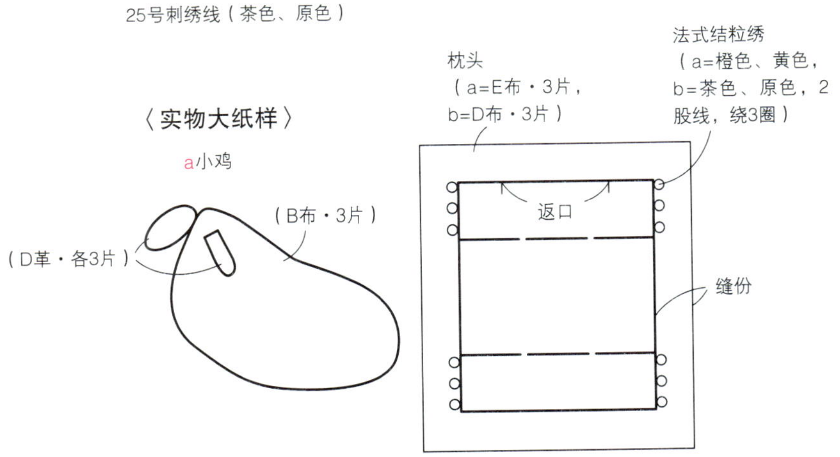

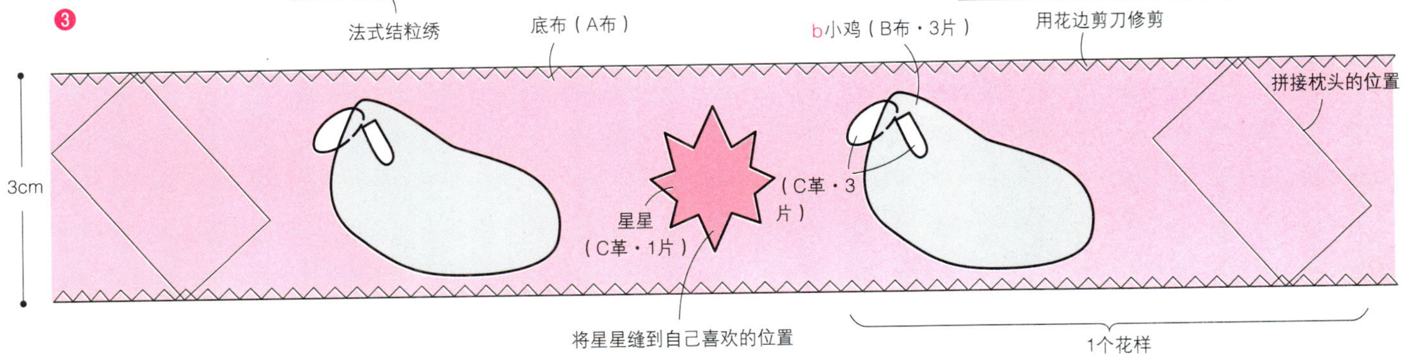

Basic Lesson 缝纫基础

本书中使用的基本工具

1 裁布剪刀

裁剪布料时使用的剪刀。剪布料以外的物品时容易损伤刀刃，切记只能用于布料裁剪。

2 手工剪刀

尖刀口的小剪刀，最适合修剪细小的部分。

3 裁纸刀

不方便使用剪刀时，可以用裁纸刀顺利地完成裁剪。

4 打孔器（剪票夹）

用于打孔。本书中在不织布、皮革上打眼时使用。

5 缝纫线

建议选择适用于各种普通布料、厚布料的涤纶线。

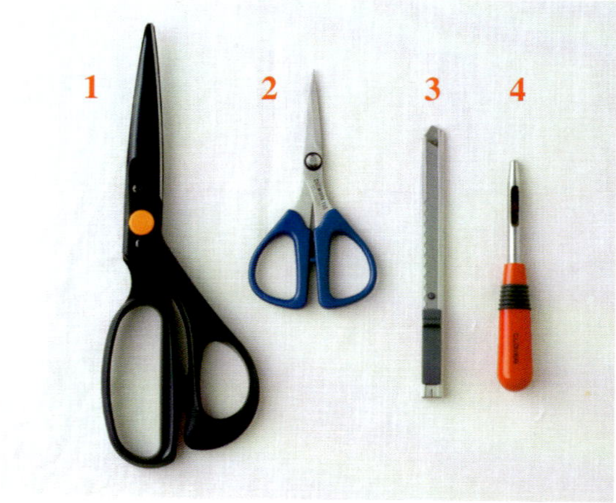

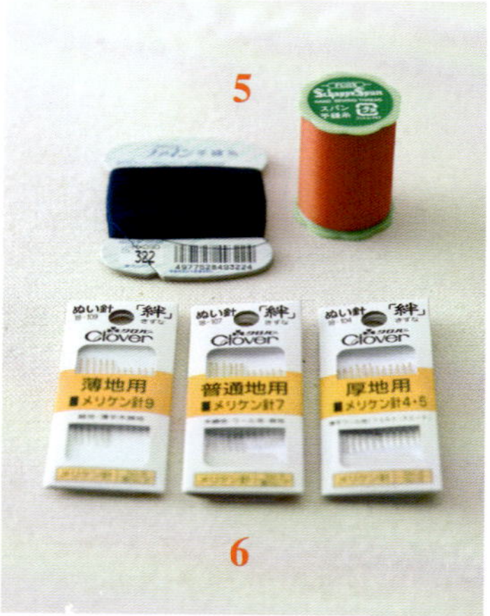

6 缝纫针

根据布料的厚度（薄、一般、厚）选择粗细适当的缝纫针。

（除3、5外均为日本Clover品牌）

纸样的制作和裁剪方法

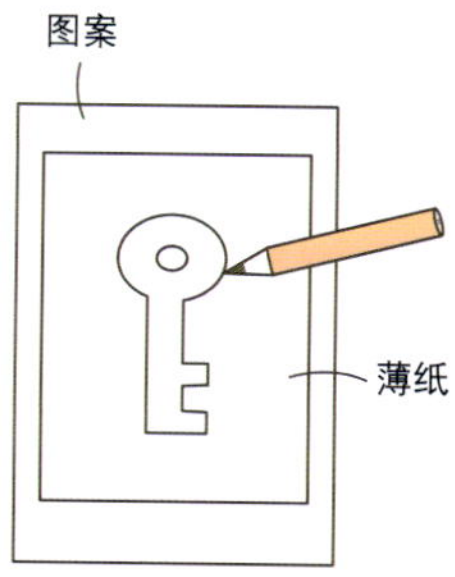

1 根据个人喜好，复制出大小适中的图案，画在薄纸上。

Point 要点

复写图纸时，建议使用用熨斗熨烫可以暂时固定的拼版纸（手工店等出售的半透明纸）。注意如果材料是皮革，用熨斗熨烫时皮革受热会变形！

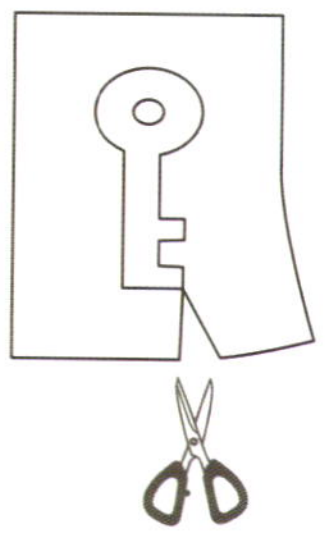

2 沿线裁剪薄纸（纸样）。

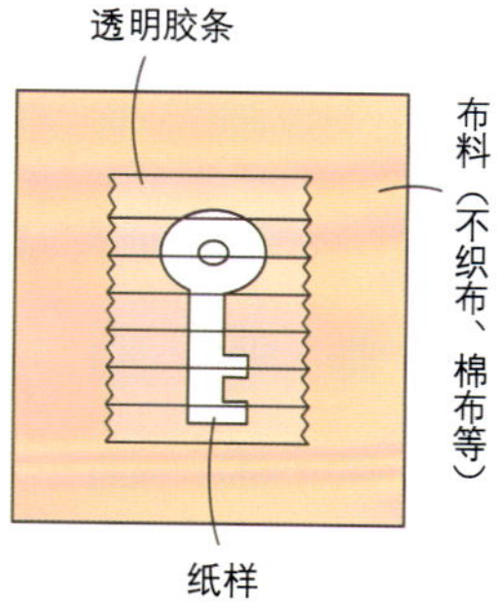

3 图纸放在布料上，用透明胶条固定。

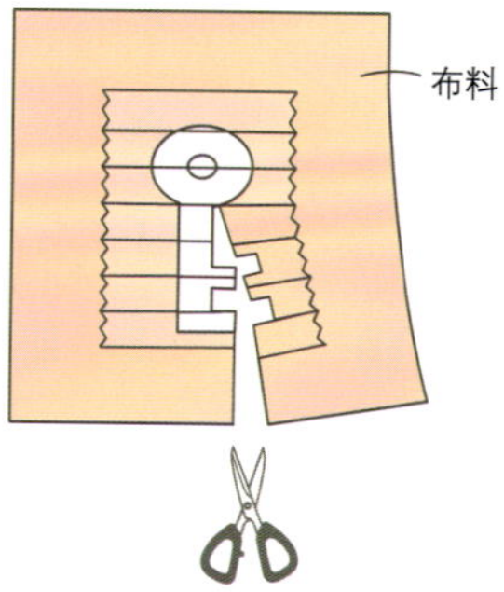

4 沿线与透明胶条一起裁剪，之后将纸样取出。

Point 要点

粘贴透明胶条可以固定图纸；稍微将布料向外拉一拉，细节部分更容易裁剪。

基本手缝

穿针

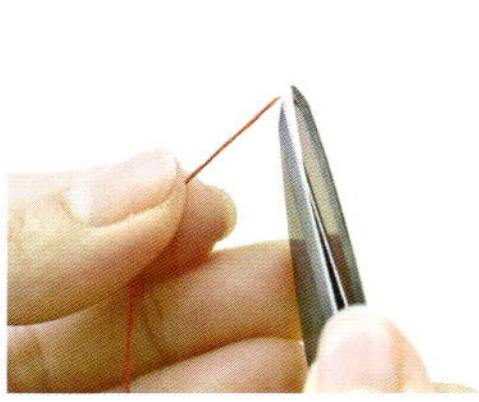

1 线头斜切一下更容易穿过针眼。

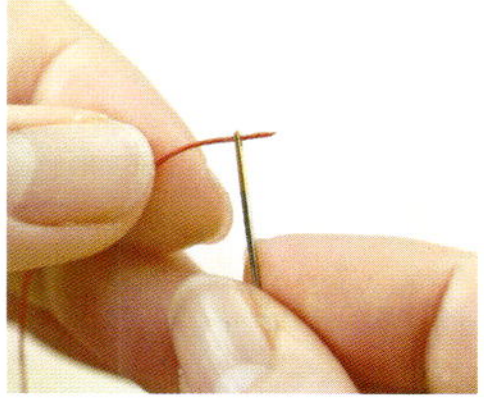

2 针眼朝上，穿线。

用针打结

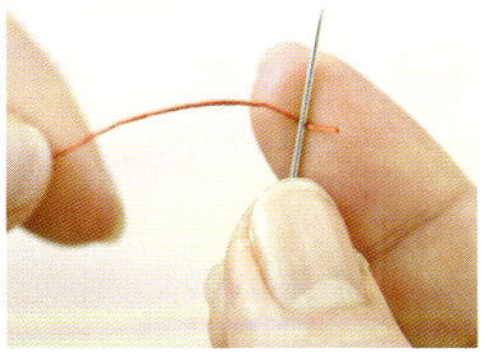

1 线头放于食指上，再用针压住。

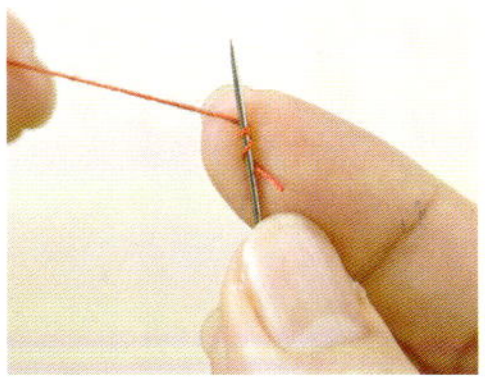

2 压紧线头，针尖来回绕线。

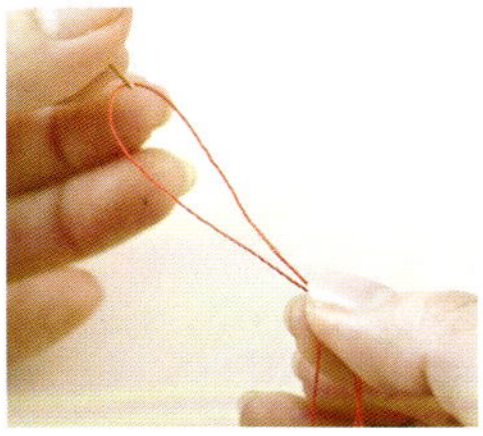

3 将绕好的线用大拇指压住，另一只手将针从线圈中拉出。

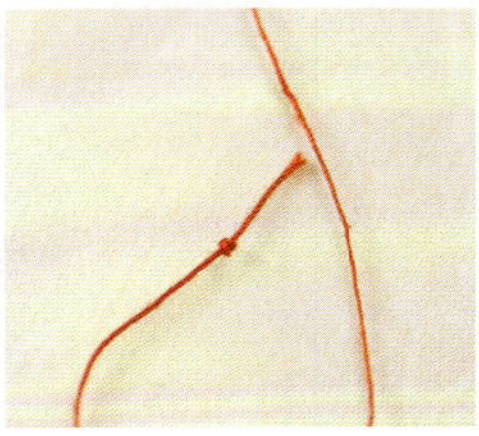

4 完成。结头的大小取决于步骤2中绕圈的次数。

缝制起点

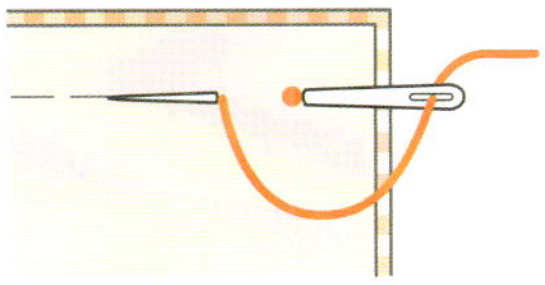

1 打结后，将针插入缝制起点，穿出1针。再将针穿回到缝制起点。

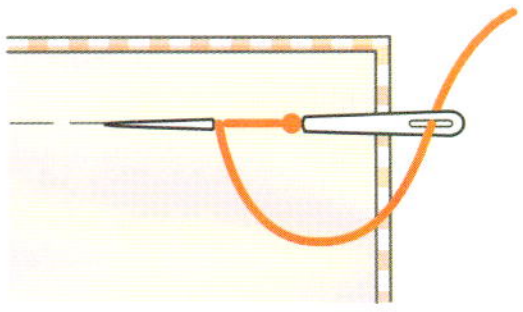

2 再从缝制起点开始，这样1针回针缝就完成了。

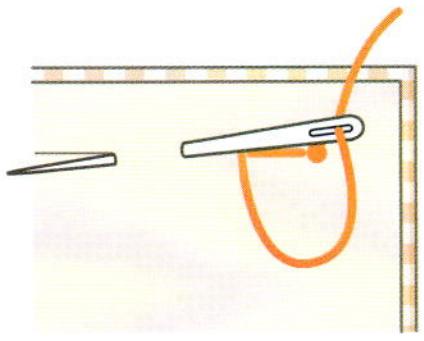

3 完成回针缝后，间隔一定距离继续往前缝。

缝制终点

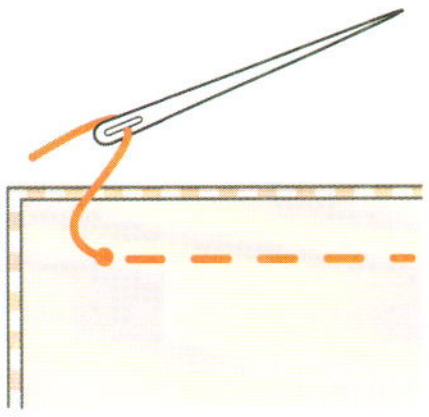

1 缝完后，打结。

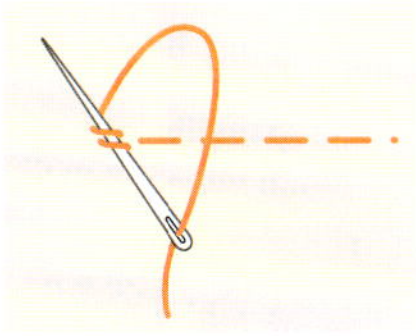

Point 要点
打结时，先将针斜放，然后绕线。卷起的部分用大拇指紧紧压住，另一只手将针取出。

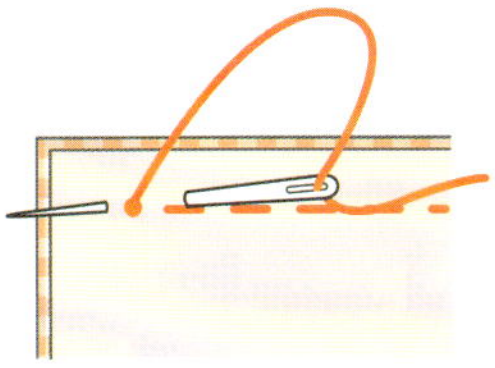

2 缝1针回针缝。

3 最后将针拉到内侧，剪断线头。

基本手缝

扦缝

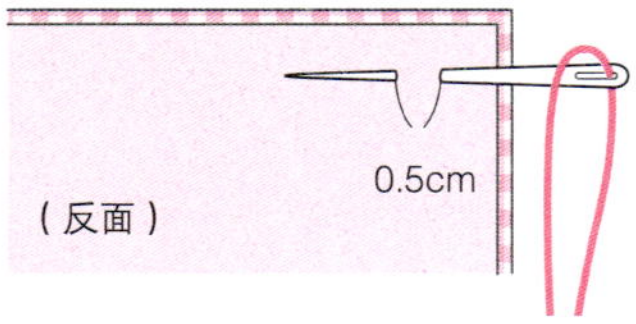

I 在距离缝制起点0.5cm处插入针。

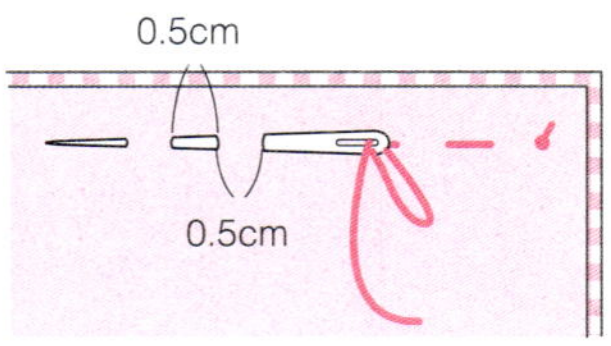

2 间隔0.5cm继续缝制。针不动，上下推进布料往前缝。

平针缝

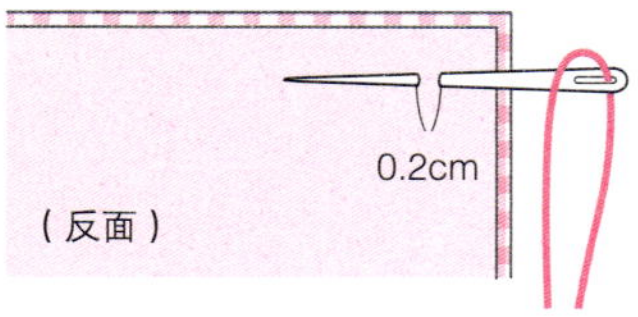

I 在距离缝制起点0.2cm处插入针。

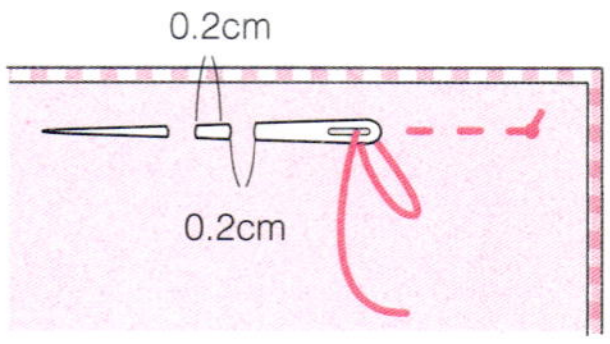

2 针脚是扦缝的一半，间隔0.2cm缝制，针脚细密。

立针缝

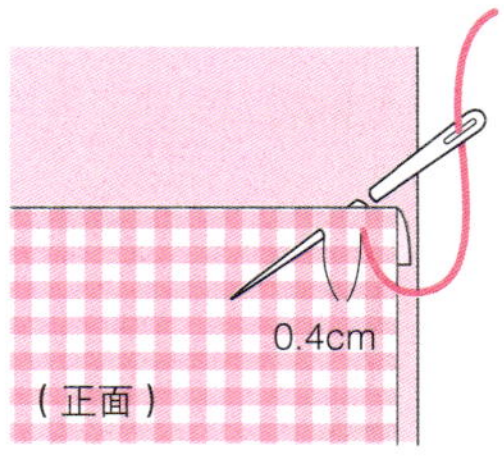

I 从折叠部分的反面入针。在紧靠上方的表布处缝1小针，然后以0.4cm左右的间隔移动，再从折叠部分的反面入针。

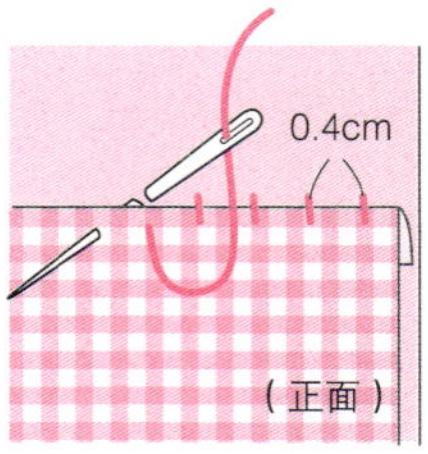

2 将紧靠上方的表布掬起，照此重复继续往前缝。线呈直角。

卷针缝

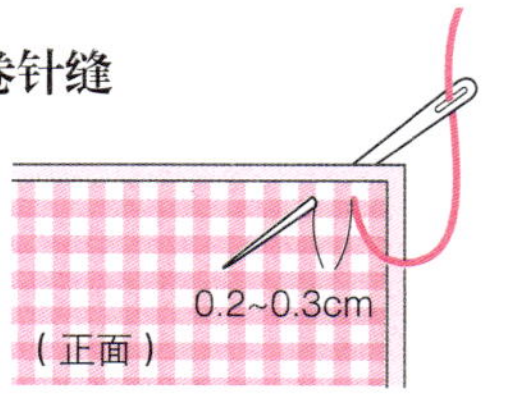

I 从上方布料的反面入针。将针插入下方的布料，间隔0.2~0.3cm，然后将针从上方布料中倾斜穿出。

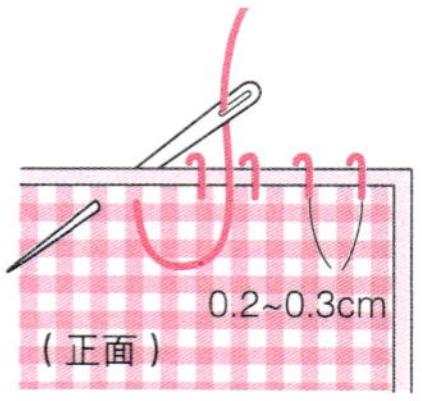

2 间隔0.2~0.3cm继续往前缝。

装饰纽扣的缝法

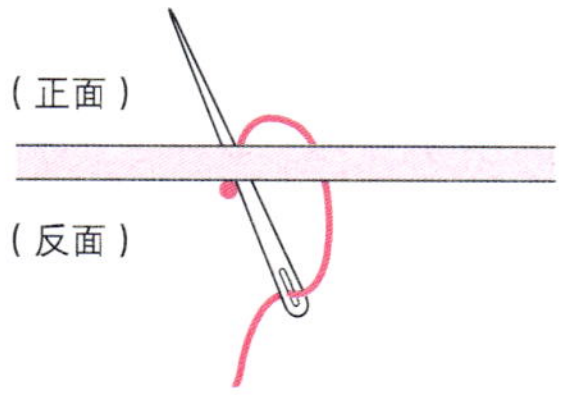

I 打结后，从布料的反面入针，回针缝。

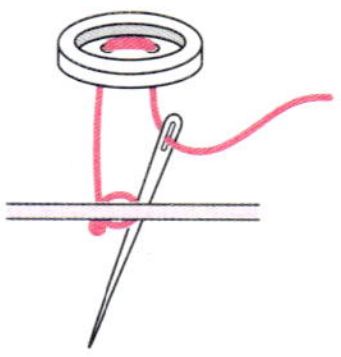

2 针穿过纽扣孔，插入步骤1中的针脚，从反面拉出针。

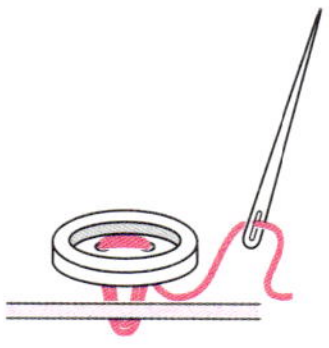

3 拉紧线，纽扣与布料贴紧，再缝几次。

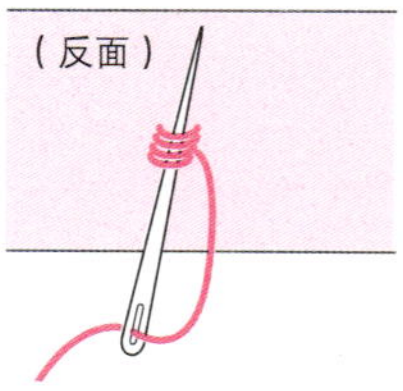

4 从布料的反面拉出线，在底部的针脚处缝2次回针缝，然后打结剪断线头。

子母扣的缝法

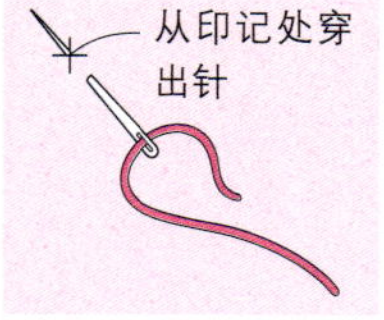

I 打结，从正面入针，在印记处出针。

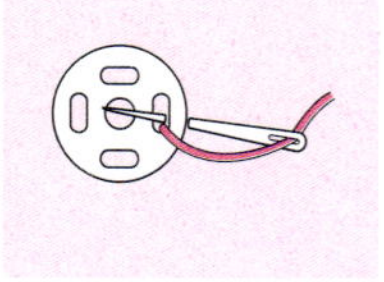

2 子母扣放到印记处，针从孔中穿过。将下方的布料掬起，穿出针。

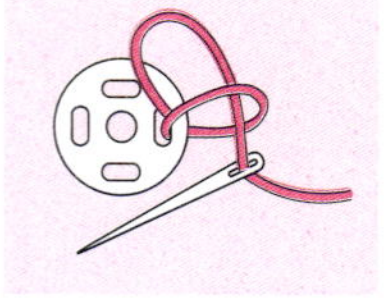

3 针从线圈中穿过，将线拉紧。

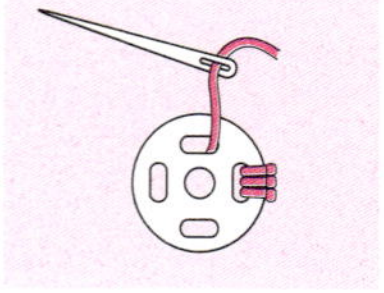

4 重复数次后，从布料的反面将针从下一个孔中穿出。

5 用同样的方法缝好所有的孔，最后打结。

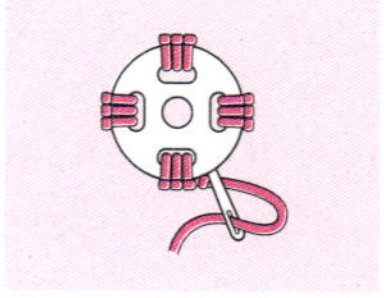

6 从子母扣的下方穿过针，从反面拉出，剪断线头。

| 刺绣的方法 |

平针绣

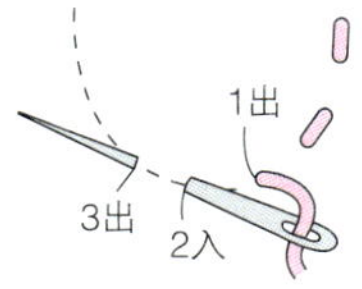

回针绣

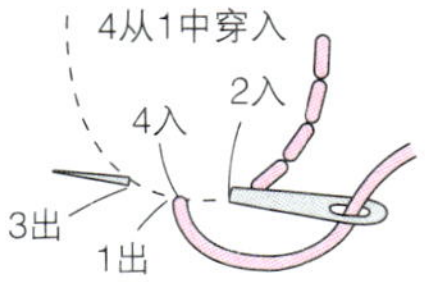

轮廓绣

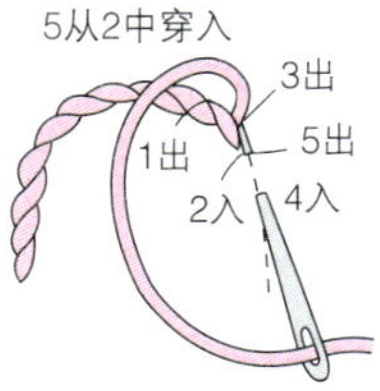

直线绣

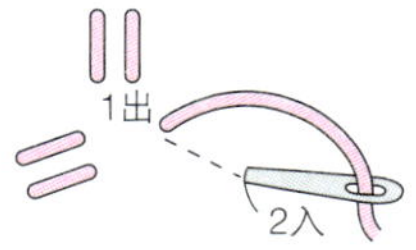

缎纹绣

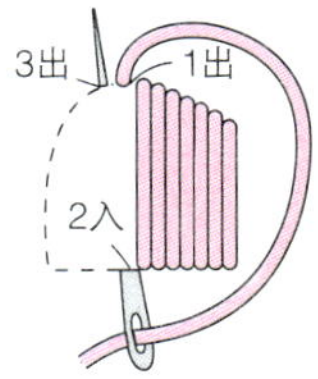

雏菊绣

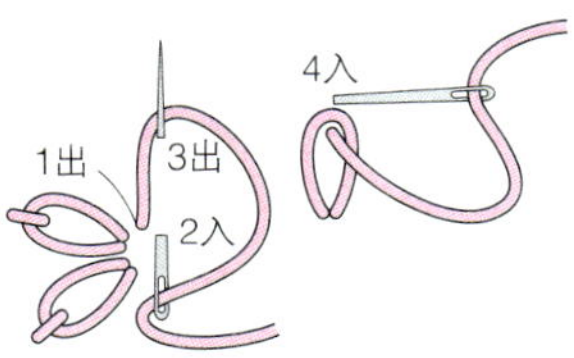

法式结粒绣

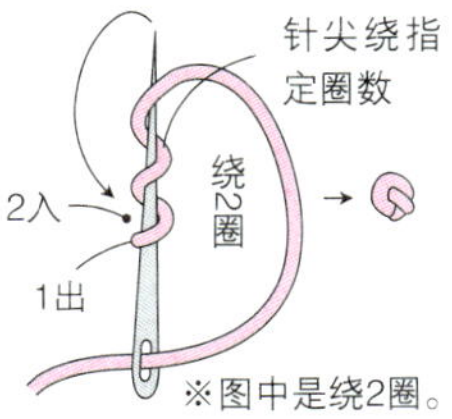

十字绣

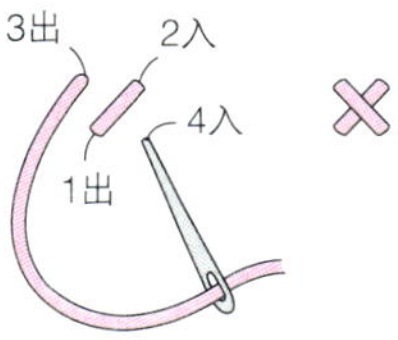

人字绣

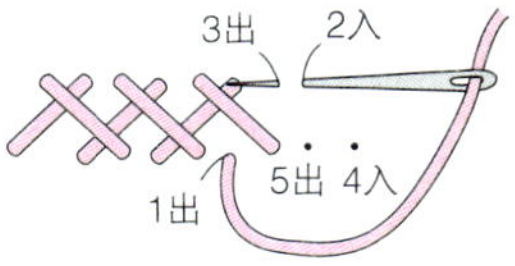

锁边绣

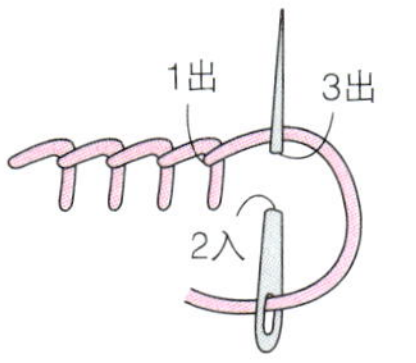

Y字绣

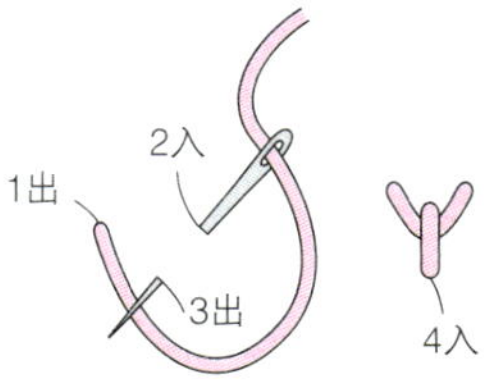

螺纹轮廓绣

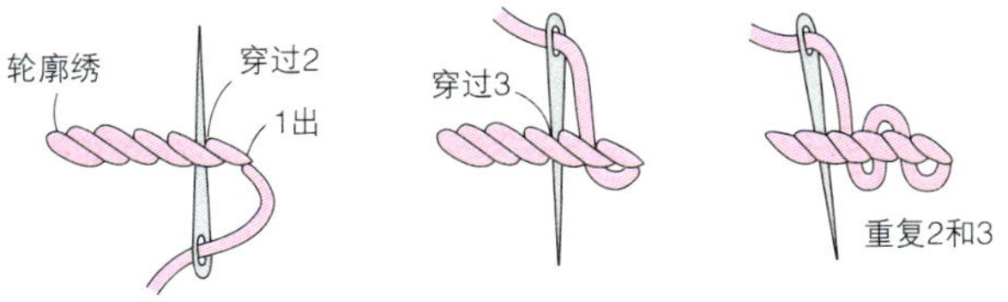

| 刺绣线的抽取法 |

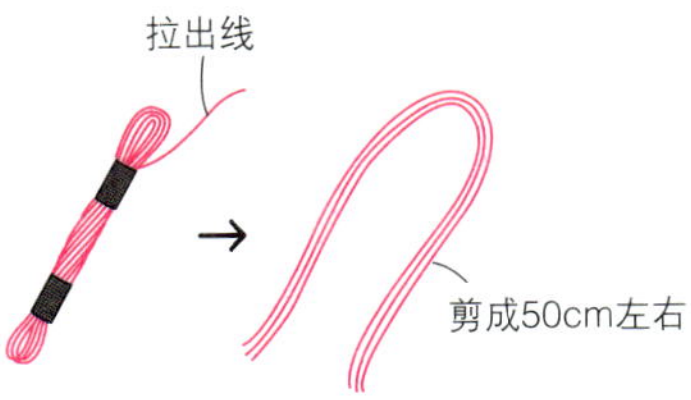

不要取掉标签，将线拉出（6股线），剪成50cm左右，然后一根根分开，再根据所需根数捻合后使用。

| 刺绣线的穿法 |

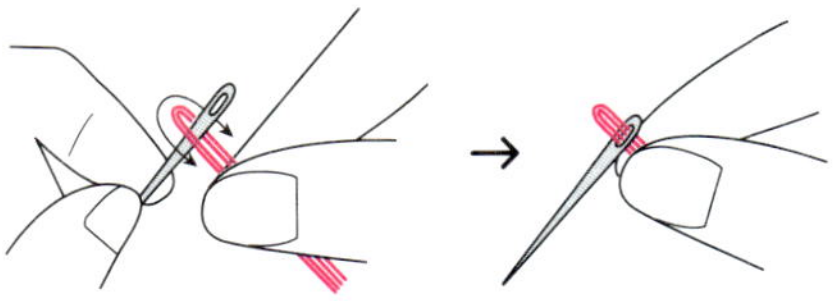

线放在针的侧面，轻轻拉一拉，压出折痕。这样一来，多股线一起穿过针眼时也不会岔开，可以顺利穿过。

| 刺绣图案的复印方法 |

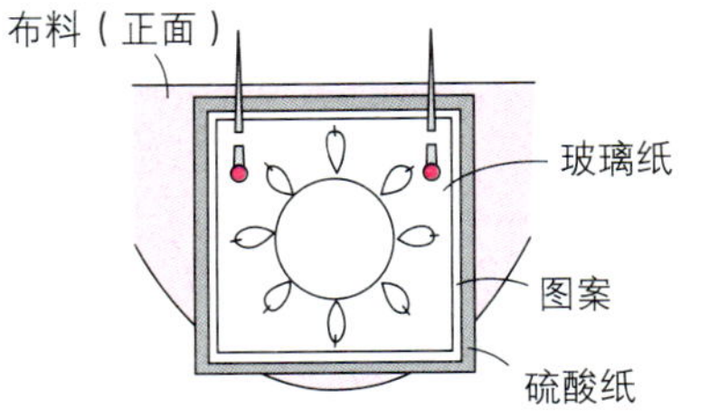

用钢笔或圆珠笔等硬笔在硫酸纸上描出图案。

TITLE: [はじめての布あそび　立体プチモチーフ＆エジング・ブレード100]
by: [E&G CREATES.CO.,LTD.,]

著作权合同登记号：图字16—2010—86

图书在版编目（CIP）数据

布，你要这样玩／（日）美创出版著；何凝一译. —郑州：河南科学技术出版社，2011.6

ISBN 978-7-5349-4916-6

Ⅰ.①布…　Ⅱ.①美…②何…　Ⅲ.①布料—手工艺品—制作
Ⅳ. ①TS973.5

中国版本图书馆CIP数据核字（2011）第042832号

策划制作：北京书锦缘咨询有限公司（www.booklink.com.cn）
总 策 划：陈　庆
策　　划：李　杨
设计制作：郭　宁

出版发行：河南科学技术出版社
地址：郑州市经五路 66 号　　邮编：450002
电话：（0371）65737028　65788613
网址：www.hnstp.cn
责任编辑：刘欣　刘瑞
责任校对：李琳
印　　刷：北京盛兰兄弟印刷装订有限公司
经　　销：全国新华书店
幅面尺寸：210mm × 260 mm　　**印张**：5　**字数**：120千字
版　　次：2011年6月第1版　　2011年6月第1次印刷
定　　价：26.00元